AF733453

Optimierung des Fertigwälzfräsens von Verzahnungen

Von der Fakultät für Maschinenwesen
der Rheinisch-Westfälischen Technischen Hochschule Aachen
zur Erlangung des akademischen Grades eines
Doktors der Ingenieurwissenschaften
genehmigte Dissertation

vorgelegt von

Rolf Schalaster

Berichter:

Univ.-Prof. Dr.-Ing. Dr.-Ing. E.h. Dr. h.c. Dr. h.c. Fritz Klocke
Univ.-Prof. Dr.-Ing. Peter W. Gold

Tag der mündlichen Prüfung: 14. Dezember 2011

ERGEBNISSE AUS DER PRODUKTIONSTECHNIK

Rolf Schalaster

Optimierung des Fertigwälzfräsens von Verzahnungen

Herausgeber:
Prof. Dr.-Ing. Dr.-Ing. E.h. Dr. h.c. Dr. h.c. F. Klocke
Prof. Dr.-Ing. Dipl.-Wirt.Ing. G. Schuh
Prof. Dr.-Ing. C. Brecher
Prof. Dr.-Ing. R. H. Schmitt

Band 7/2012

WZL RWTHAACHEN

Fraunhofer IPT

Bibliografische Information der Deutschen Nationalbibliothek
Die Deutsche Nationalbibliothek verzeichnet diese Publikation in der Deutschen Nationalbibliografie; detaillierte bibliografische Daten sind im Internet über http://dnb.ddb.de abrufbar.

Rolf Schalaster:

Optimierung des Fertigwälzfräsens von Verzahnungen

1. Auflage, 2012

Gedruckt auf holz- und säurefreiem Papier, 100% chlorfrei gebleicht.

Apprimus Verlag, Aachen, 2012
Wissenschaftsverlag des Instituts für Industriekommunikation und Fachmedien an der RWTH Aachen
Steinbachstr. 25, 52074 Aachen
Internet: www.apprimus-verlag.de, E-Mail: info@apprimus-verlag.de

Druck: KN Digital Printforce GmbH, Stuttgart

ISBN 978-3-86359-060-4

D 82 (Diss. RWTH Aachen University, 2011)

Vorwort

Preamble

Die vorliegende Arbeit entstand während meiner Tätigkeit als wissenschaftlicher Mitarbeiter am Werkzeugmaschinenlabor (WZL) der Rheinisch-Westfälischen Technischen Hochschule Aachen.

Herrn Prof. Dr.-Ing. Dr.-Ing E.h. Dr. h.c. Dr. h.c. Fritz Klocke, dem Inhaber des Lehrstuhls für Technologie der Fertigungsverfahren, danke ich herzlich für seine wohlwollende Förderung und die konstruktive Diskussion meiner Arbeit. Herrn Prof. Dr.-Ing Peter W. Gold, dem ehemaligen Leiter des Instituts für Maschinenelemente und Maschinengestaltung (IME), danke ich für die eingehende Durchsicht des Manuskripts und die Übernahme des Koreferats. Herrn Prof. Dr.-Ing Christian Hopmann danke ich für das Führen des Prüfungsvorsitzes.

Mein Dank für die finanzielle Förderung der in dieser Arbeit dargestellten Untersuchungen gilt der Forschungsvereinigung Werkzeugmaschinen und Fertigungstechnik e.V. (heute: VDW-Forschungsinstitut e.V.), sowie dem WZL-Getriebekreis. Besonders bedanken möchte ich mich bei allen Firmen und deren Vertretern, die sowohl durch ihre materielle Unterstützung als auch durch ihre Diskussionsbereitschaft zum Gelingen dieser Arbeit beigetragen haben. Stellvertretend genannt seien hier die Firmen Ceratizit, Liebherr, LMT Fette und Oerlikon Balzers.

Ebenfalls bin ich allen Kolleginnen und Kollegen des Lehrstuhls, der Getriebeabteilung und insbesondere der Forschungsgruppe „Technologie der Zahnradfertigung" verbunden, die ein freundschaftliches und motivierendes Arbeitsklima geschaffen haben und mir bei meiner Arbeit mit Rat und Tat zur Seite standen. Besonders danke ich den Herren Herrn Lothar Emonts und Erwin Janas für ihr Engangement bei der Erstellung und Erprobung der Versuchseinrichtungen, Herrn Thomas Fischer für seine qualifizierte messtechnische Unterstützung und Frau Brigitte Niederbach für die detailgenaue Dokumentation des Werkzeugverschleißes am Rasterelektronenmikroskop.

Darüber hinaus gilt mein spezieller Dank meinen ehemaligen studentischen Hilfskräften, Studien- und Diplomarbeitern, die mich mit großem persönlichem Engagement bei der wissenschaftlichen Arbeit unterstützt haben. Im Hinblick auf die Erstellung dieser Arbeit möchte ich die Herren Dipl.-Ing. Dipl.-Wirt.-Ing. Christian Fornaroli, Dipl.-Ing. Federico Quesada, cand.-Ing. Andreas Seidel und Dipl.-Ing. Gerd-Thomas Weber besonders hervorheben.

Für die kritische Durchsicht der Arbeit und die wertvollen Anmerkungen danke ich den Herren Dr.-Ing. Christof Gorgels, Dipl.-Ing. Stefan Herzhoff und Dr.-Ing. Oliver Winkel.

Ganz besonders danke ich meinen Eltern, die meine Ausbildung ermöglicht und mich in meinen beruflichen Werdegang nach besten Kräften unterstützt haben.

Wermelskirchen, im Januar 2012 Rolf Schalaster

Inhaltsverzeichnis

Content

1 Einleitung ... 1

2 Stand der Wissenschaft und Technik ... 5

2.1 Stirnradverzahnungen ... 5
2.1.1 Geometrische Grundlagen ... 5
2.1.2 Prozessketten zur Herstellung von Stirnradverzahnungen ... 7
2.2 Wälzfräsen von Stirnradverzahnungen ... 10
2.2.1 Geometrische und kinematische Grundlagen ... 10
2.2.2 Verfahrensbedingte Verzahnungsabweichungen ... 13
2.2.3 Anwendungsbereiche des Wälzfräsens ... 15
2.3 Werkzeugsysteme zum Fertigwälzfräsen ... 17
2.3.1 Makrogeometrie ... 17
2.3.2 Schneidstoffe ... 18
2.3.3 Oberflächen- und Kantenpräparation ... 23
2.4 Einsatzverhalten der Werkzeugsysteme ... 27
2.4.1 Verschleißmechanismen und -formen ... 27
2.4.2 Prozessanalyse, -simulation und Verschleißvorhersage ... 30
2.4.3 Entwicklung des Wälz-und Fertigwälzfräsprozesses ... 32
2.5 HSC-Bearbeitung von Stahlwerkstoffen mit geometrisch bestimmter Schneide ... 33
2.5.1 Grenzgeschwindigkeit ... 34
2.5.2 Mindestspanungsdicke ... 34
2.5.3 Werkzeuge zur Hochgeschwindigkeitsbearbeitung ... 35
2.6 Fazit ... 36

3 Zielsetzung und Vorgehensweise ... 39

4 Abgrenzung und Analyse des betrachteten Systems ... 41

4.1 Das System Fertigwälzfräsen ... 41
4.2 Betrachtetes Bearbeitungsbeispiel ... 44
4.2.1 Werkzeug- und Prozessauslegung auf Basis von Topografieanforderungen ... 45
4.2.2 Geometrische Analyse der auftretenden Spanungsgeometrien ... 46
4.3 Fazit ... 54

5 Untersuchung der Spanbildung im Analogie-Zerspanversuch ... 57

5.1 Analogie-Zerspanversuch zur Zahnflankenbearbeitung ... 57
5.1.1 Geometrische Auslegung der Bearbeitung zur Erzeugung definierter Spanungsgeometrien ... 58
5.1.2 Praktische Umsetzung des Versuchs auf der Bearbeitungsmaschine ... 61

5.2 Zerspanuntersuchungen im Analogieversuch ... 64
5.2.1 Werkzeugbedingte Einflüsse auf das Verschleißverhalten ... 64
5.2.2 Prozessbedingte Einflüsse auf das Verschleißverhalten und die erzielte Werkstückoberfläche ... 69
5.2.3 Auswirkungen mechanischer Überlastung des Werkzeugs im Analogieversuch ... 77
5.2.4 Vergleich des Verschleißbilds mit den lokalen Spanungskenngrößen ... 78
5.3 Fazit ... 80

6 Entwicklung eines Prognosemodells für den lokalen Werkzeugverschleiß ... 83

6.1 Bestehende Verschleißmodelle ... 83
6.2 Modellbildung ... 84
6.2.1 Regressionsanalyse ... 85
6.2.2 Anforderungen an das Modell ... 85
6.2.3 Modellierung der Standlänge ... 87
6.2.4 Modellierung des Verschleißverlaufs ... 89
6.3 Anwendung der Modelle auf das Fertigwälzfräsen ... 90
6.4 Fazit ... 92

7 Fertigwälzfräsen im Schlagzahnversuch ... 93

7.1 Schlagzahn-Wälzfräsversuch für das Fertigwälzfräsen ... 93
7.2 Zerspanuntersuchungen im Schlagzahnversuch ... 95
7.2.1 Herstellung einer definierten Zahnflankentopografie ... 96
7.2.2 Beeinflussung der Zahnflankentopografie ... 103
7.2.3 Erzielbare Oberflächengüte ... 106
7.3 Überprüfung des Prognosemodells anhand der Schlagzahnversuche ... 108
7.3.1 Verschleißverhalten der Versuchswerkzeuge im Vergleich ... 109
7.3.2 Vergleich der Versuchsergebnisse mit der Prognose ... 110
7.4 Ansätze zur modellbasierten Vermeidung verschleißbedingter Profilabweichungen ... 113
7.5 Fazit ... 117

8 Potenziale alternativer Schneidstoffe für das Fertigwälzfräsen ... 119

8.1 Schnellarbeitsstahl ... 119
8.2 Cermet ... 120
8.3 PCBN ... 122
8.4 Fazit ... 123

9 Zusammenfassung und Ausblick ... 125

10 Literaturverzeichnis ... 129

Formelzeichen und Abkürzungen

Formula Symbols and Abbreviations

Lateinische Formelzeichen

a_F	µm	Zahnflankenaufmaß
a_R	µm	Zahnfußaufmaß
b	mm	Breite des Werkrads bzw. Werkstücks
b_{cu}	mm	Spanungsbreite
$b_{cu,max}$	mm	maximale Spanungsbreite
c_i		Konstanten; i: natürliche Zahl
$c_{\alpha 0}$	µm	Profilballigkeit des Werkzeugs
d	mm	Teilkreisdurchmesser
d_{a0}	mm	Außendurchmesser des Wälzfräsers
d_{a2}	mm	Außendurchmesser des Werkrads
d_{AWS}	mm	Durchmesser des Analogiewerkstücks
d_{AWZ}	mm	Wirkdurchmesser des Analogiewerkzeugs im Kontaktpunkt
d_b	mm	Grundkreisdurchmesser
d_{b2}	mm	Grundkreisdurchmesser des Werkrads
d_{WZ}	mm	Wirkdurchmesser des Wälzfräsers im Kontaktpunkt
f_a	mm	Axialvorschub je Werkstückumdrehung
$f_{f\alpha}$	µm	Profilformabweichung
$f_{f\beta}$	µm	Flankenformabweichung
$f_{H\alpha}$	µm	Profilwinkelabweichung
$f_{H\alpha m}$	µm	mittlerer Profilwinkelabweichung
$f_{H\beta}$	µm	Flankenwinkelabweichung
$f_{H\beta m}$	µm	mittlerer Flankenwinkelabweichung
f_w	°/min	Wälzvorschub
h	mm	Zahnhöhe des Werkrads
h_1	mm	Radialzustellung bei der Schruppbearbeitung
h_2	mm	Radialzustellung bei der Schlichtbearbeitung
h_{cu}	µm	Spanungsdicke

$h_{cu,max}$	µm	maximale Spanungsdicke
$h_{cu,min}$	µm	Mindestspanungsdicke
$h_{cu,mit}$	µm	mittlere Spanungsdicke
HV		Härte nach Vickers-Skala
i		Übersetzung
k_A		Proportionalitätsfaktor des Standlängenmodells
L	m	Werkzeugstandweg
L*	m	Werkzeugstandlänge im Zerspanversuch (Standweg bei Erreichen des Verschleißkriteriums)
l'_{kum}		standlängenbezogene kumulierte Schnittbogenlänge
L_0	m	errechnete lokale Standlänge
L_0^*	m	modellbasierte Standlängenprognose
$L_{0,min}$	m	Minimum der errechneten lokalen Standlänge
l_{A0}	mm	Länge des Arbeitsbereichs des Wälzfräsers
l_{AZ}	mm	Länge des Vorschneidbereichs des Wälzfräsers
l_{cu}	mm	Schnittbogenlänge
$l_{cu,kum}$	m	kumulierte Schnittbogenlänge
$l_{cu,kum,0}$	m	Errechnete kumulierte Schnittbogenlänge
$l_{cu,max}$	mm	maximale Schnittbogenlänge
l_{norm}		normierter Standweg
$l_{norm,0}$		errechneter normierter Standweg
l_{P0}	mm	Länge des Profilierungsbereichs des Wälzfräsers
L_S		Anzahl an Schneideneingriffen
L_S^*		Anzahl an Schneideneingriffen bei Erreichen des Verschleißkriteriums
m_n	mm	Normalmodul
m_{n0}	mm	Normalmodul des Wälzfräsers
n_{AWS}	min^{-1}	Drehzahl des Analogiewerkstücks
n_{AWZ}	min^{-1}	Drehzahl des Analogiewerkzeugs
n_i		Spannutenzahl des Wälzfräsers
$n_{i,eff}$		effektive Spannutenzahl des Wälzfräsers
n_{rel}		relative Schnitthäufigkeit

n_s		Anzahl Schnitte
$n_{s,max}$		maximale Anzahl Schnitte
n_{Sp}	min^{-1}	Spindeldrehzahl
p	mm	Teilung
p_C	mbar	Prozessdruck Gasaufkohlen
pr_{p0}	µm	Protuberanzbetrag
R^2		Bestimmtheitsmaß
R_a	µm	Mittenrauwert
$R_{a,WST,Profil}$	µm	Mittenrauwert des Werkstücks in Profilrichtung
r_b	mm	Grundkreisradius
r_{C1}	mm	Wälzkreisradius des treibenden Rades
r_{C2}	mm	Wälzkreisradius des getriebenen Rades
R_m	N/mm²	Zugfestigkeit
r_{WS}	mm	Radius des Analogie-Werkstücks
R_z	µm	gemittelte Rautiefe
$R_{z,WST,tangential}$	µm	Gemittelte Rautiefe des Werkstücks in tangentialer Richtung
r_β	µm	Radius der Schneidkantenverrundung
s	[mm]	Position auf der Schneidkante des Schlagzahns
s_F	µm	Dicke der Hartstoffschicht
s_{SF}	µm	Dicke der Hartstoffschicht der Spanfläche
t_H	s	Bearbeitungsdauer (Hauptzeit)
V'	mm³/mm	bezogenes Zerspanungsvolumen
V'_K	mm³/mm	bezogenes Zerspanungsvolumen am Zahnkopf
V'_{max}	mm³/mm	maximales bezogenes Zerspanungsvolumen
VB_0	mm	errechnete lokale Verschleißmarkenbreite
VB_{max}	mm	maximale Verschleißmarkenbreite
$VB_{max,norm}$		normierte maximale Verschleißmarkenbreite
$VB_{norm,0}$		errechnete normierte lokale Verschleißmarkenbreite
v_c	m/min	Schnittgeschwindigkeit
v_{C1}	m/s	Umfangsgeschwindigkeit des treibenden Rades am Wälzkreis

v_{C2}	m/s	Umfangsgeschwindigkeit des getriebenen Rades am Wälzkreis
v_{HSC}	m/min	Grenzgeschwindigkeit der HSC-Bearbeitung
v_{shift}	mm/min	Shiftgeschwindigkeit
x_i		unabhängige Variablen; i: natürliche Zahl
y		abhängige Variable
z		Zähnezahl
z_0		Gangzahl des Fräsers
z_2		Zähnezahl des Werkrads

Griechische Formelzeichen

α	°	Eingriffswinkel
α_0	°	Freiwinkel
α_{AWZ}	°	analoger Eingriffswinkel des Analogiewerkzeugs
α_n	°	Normaleingriffswinkel
α_{n0}	°	Normaleingriffswinkel des Wälzfräsers
α_{n2}	°	Normaleingriffswinkel des Werkrads
β	°	Schrägungswinkel
β_2	°	Schrägungswinkel des Werkrads
γ	°	Steigungswinkel des Wälzfräsers
γ_0	°	Spanwinkel
$\Delta f_{H\alpha}$	µm	Differenz der Profilwinkelabweichung
$\Delta l_{cu,max}$	mm	Differenz der maximalen Schnittbogenlänge
δ_x	µm	Vorschubmarkierungstiefe
δ_y	µm	Höhe der Hüllschnittabweichungen
ε		Störgröße
η	°	Schwenkwinkel des Wälzfräsers
η_u	°	Winkelposition des Startpunkts U der Evolvente
ξ	°	Wälzwinkel der Evolvente
π		Kreiszahl
ρ	mm	Krümmungsradius der Evolvente am Teilkreis
ρ_Y	mm	Krümmungsradius der Evolvente im Punkt Y
φ	°	Schneideneingriffswinkel

ω_1	s^{-1}	Winkelgeschwindigkeit des treibenden Rades
ω_2	s^{-1}	Winkelgeschwindigkeit des getriebenen Rades

Abkürzungen

(Ti,Al)N	Titanaluminiumnitrid
AF	auslaufende Werkzeugflanke
Al	Aluminium
Arc-PVD	Lichtbogenunterstütztes PVD
BR	Bearbeitungsrichtung
Bsp.	Beispiel
C	Kohlenstoff
C_0	Wälzpunkt des Erzeugungsgetriebes
CBN	kubisch kristallines Bornitrid
Co	Kobalt
CVD	Chemical Vapour Deposition
d. h.	das heißt
DIN	Deutsche Industrienorm
EF	einlaufende Werkzeugflanke
HA	Hüllschnittabweichung(en)
HM	Hartmetall
HPC	High Performance Cutting (Hochleistungsbearbeitung)
HRC	Härte nach Rockwell-Skala
HSC	High Speed Cutting (Hochgeschwindigkeitsbearbeitung)
HSS	High Speed Steel (Schnellarbeitsstahl)
K	Zahnkopf
konst.	konstant
K-Hartmetall	Hartmetall der Zerspanungshauptgruppe K
max.	maximal
Mo_2C	Molybdänkarbid
Nb	Niob
NbC	Niobkarbid

PCBN	Polykristallines kubisches Bornitrid
P-CVD	plasmaunterstütztes CVD
P-Hartmetall	Hartmetall der Zerspanungshauptgruppe P
Pkw	Personenkraftwagen
PM-HSS	pulvermetallurgisch hergestellter HSS
PVD	Physical Vapour Deposition
RWTH	Rheinisch-Westfälische Technische Hochschule
T	Berührpunkt der Tangente am Grundkreis
Ta	Tantal
TaC	Tantalkarbid
Ti	Titan
TiC	Titankarbid
TiN	Titannitrid
U	Ursprungspunkt der Evolvente
vgl.	vergleiche
VM	Vorschubmarkierung(en)
WC	Wolframkarbid
WZL	Werkzeugmaschinenlabor
Y	beliebiger Evolventenpunkt
z. B.	zum Beispiel
ZFB	Zahnfußbearbeitung

1 Einleitung

Introduction

Um in der heute herrschenden Wettbewerbssituation eine wirtschaftliche Fertigung sicherzustellen, müssen die zur Verfügung stehenden Ressourcen möglichst effizient eingesetzt werden. Neben bereits bestehenden Prozessketten müssen hierzu auch alternative Fertigungsverfahren in Betracht gezogen werden. Ein solches alternatives Verfahren ist die Weichfeinbearbeitung von Verzahnungen durch Wälzfräsen, die mit dem Begriff ‚Fertigwälzfräsen' bezeichnet wird.

Die Anwendung des Fertigwälzfräsens zur Feinbearbeitung von Verzahnungen bietet sowohl ökonomische als auch ökologische Vorteile [ZIMM02; KLEI03]. Im Gegensatz zum konkurrierenden Weichfeinbearbeitungsverfahren Zahnradschaben kann das Fertigwälzfräsen trocken, d. h. ohne Einsatz von Kühlschmierstoff, erfolgen. Wird die Verzahnung im Anschluss an die spanende Bearbeitung durch eine Kombination aus Niederdruck-Aufkohlen und Hochdruck-Gasabschrecken einsatzgehärtet, ist eine vollständig kühlschmierstofffreie Prozesskette der Zahnradfertigung möglich. Daher ist das Fertigwälzfräsen von großem ökologischem Interesse.

Die ökonomischen Vorteile des Verfahrens sind insbesondere auf die Verkürzung der Wertschöpfungskette zurückzuführen. Da im Gegensatz zum Zahnradschaben keine separate Fertigbearbeitungsmaschine erforderlich ist, reduzieren sich die Investitionskosten für eine Fertigungslinie. Ebenso entfällt die Notwendigkeit, eine Schleifmaschine zum Profilieren und Schärfen der Schabräder bereitzustellen. Aufgrund der verkürzten Prozesskette werden Umspann-, Transport- und Rüstvorgänge eingespart. Darüber hinaus kann das nach einer Nassbearbeitung erforderliche Reinigen der Bauteile entfallen. Insgesamt kann durch die dargestellte Prozesskette eine erhebliche Reduzierung der Durchlaufzeiten erreicht werden.

Der Abschreckvorgang einer Wärmebehandlung führt grundsätzlich zu Härteverzügen. Im Vergleich zum konventionellen Abschrecken im Ölbad können beim besser kontrollierbaren Gasabschrecken unsystematisch auftretende Härteverzüge deutlich reduziert werden [GEIS09]. Hierdurch wird der mögliche Anwendungsbereich des Fertigwälzfräsens, der im Hinblick auf die Bauteilqualität grundsätzlich durch die am fertigen Zahnrad verbleibenden Härteverzüge eingeschränkt wird, vergrößert. Entsprechend konkurriert die beschriebene Prozesskette – bei mittleren Genauigkeitsanforderungen – auch mit einer energie- und kostenintensiveren Hartfeinbearbeitung.

Für den effizienten Einsatz des Fertigwälzfräsens müssen seine verfahrensspezifischen Vorteile vollständig ausgenutzt werden. Hierzu ist eine genaue Kenntnis des Bearbeitungsverfahrens und der technologischen Einflussgrößen erforderlich.

Beim Wälzfräsen treten prozessbedingt Abweichungen der Zahnflankentopografie von der idealen Evolvente auf, da diese nur durch die von den einzelnen Werkzeugschneiden erzeugten Schnittflächen angenähert wird. Die Abweichungen sind einerseits Vorschubmarkierungen in Zahnbreitenrichtung, die aus dem endlichen Werkzeugdurchmesser in Kombination mit dem Axialvorschub und dem Werkzeugeingriffswinkel resultieren. Andererseits weisen die Zahnflanken Abweichungen in Zahnhöhenrichtung – sogenannte Hüllschnittabweichungen – auf, die darin begründet sind, dass die Evolvente des Zahnprofils durch eine endliche Anzahl an Geradenabschnitten angenähert wird. Zur Minimierung dieser Topografieabweichungen ist eine große Anzahl an Schnittflächen auf den Zahnflanken erforderlich. Um dennoch eine hohe Produktivität des Prozesses zu erreichen, muss die Schnittgeschwindigkeit gesteigert werden.

Da bei der kombinierten Vor- und Fertigbearbeitung einer Verzahnung in einem Überlauf vergleichsweise große Schnittbogenlängen vorliegen, führt eine Steigerung der Schnittgeschwindigkeit zu einer großen thermischen Belastung des Werkzeugs. Dies führt zu der These, dass eine strikte Trennung der Funktionen ‚Verzahnen' und ‚Fertigbearbeitung' bei hohen Anforderungen an die Flankentopografie mithilfe eines Werkzeugs mit separatem Schrupp- und Schlichtwälzfräser sowohl unter technologischen als auch unter wirtschaftlichen Gesichtspunkten sinnvoll ist. Daher fokussiert diese Arbeit auf die Fertigbearbeitung bereits vorverzahnter Bauteile.

Die Anforderung der Industrie an das Fertigwälzfräsen besteht darin, bei reduzierter Bearbeitungszeit mindestens die Genauigkeit des Zahnradschabens zu erreichen. Die für den industriellen Einsatz des Verfahrens entscheidende Frage ist daher, wie der Fertigwälzfräsprozess auszulegen ist, um diesem Anspruch prozesssicher gerecht zu werden. Da zum Fertigwälzfräsen bisher keine systematischen wissenschaftlichen Untersuchungen vorliegen, basiert eine Prozessauslegung derzeit lediglich auf bestehenden Erfahrungswerten. Hierbei ist davon auszugehen, dass das Potenzial des Fertigungsprozesses nicht vollständig ausgenutzt wird.

Um zukünftig eine technologisch optimale Prozessauslegung bereits in der Planungsphase zu ermöglichen, sind umfangreiche Analysen des Einsatzverhaltens potenzieller Werkzeugsysteme für das Fertigwälzfräsen abhängig von den Zerspanbedingungen erforderlich. Die Ergebnisse dieser Analysen müssen so aufbereitet und hinterlegt sein, dass sie auf beliebige konkrete Anwendungsfälle angewendet werden können.

Die vorliegende Arbeit soll einen Weg aufzeigen, den Werkzeugverschleiß im Fertigwälzfräsprozess mithilfe eines Prognosemodells vorherzusagen. Um ein allgemeingültiges Prognosemodell für unterschiedliche Bearbeitungsaufgaben zu erlangen, soll seine Datenbasis für das Fertigwälzfräsen auf Basis von Analogieversuchen erarbeitet werden. Die Tauglichkeit des Modells soll anhand beispielhafter Bearbeitungsaufgaben nachgewiesen werden.

In technologischer Hinsicht ist diese Arbeit dadurch motiviert, eine optimale Prozessauslegung des Fertigwälzfräsens ohne vorhergehende umfassende technologische Untersuchungen des konkreten Bearbeitungsfalls zu ermöglichen. In der Bildung des hierzu erforderlichen Prognosemodells und im Nachweis seiner Funktion liegt die wissenschaftliche Motivation der Arbeit.

Introduction

In today's competitive environment reaching an economical production requires an efficient application of the available resources. Therefore, alternative manufacturing technologies have to be considered besides existing process chains. Soft finishing of gears by hobbing is such an alternative technology that is known by the denomination 'gear finish hobbing'.

The application of gear finish hobbing offers as well economical as ecological advantages [ZIMM02; KLEI03]. Compared to the competing soft finishing technology of gear shaving, gear finish hobbing can be applied dry, i.e. without any coolant. In case of subsequent case hardening by a combination of low pressure carburizing and gas quenching, a totally dry process chain of gear manufacturing can be achieved. Therefore this process chain is of high ecological interest.

The economical advantages of gear finish hobbing in particular refer to the shortened value creation chain. Since no further finishing machine is needed, the investment for a production line is lowered. At the same time the necessity of providing a grinding machine for profiling and sharpening the shaving wheels is omitted. Due to the shortened process chain clamping, transportation and setup times can be reduced. Cleaning of the parts after wet machining can also be omitted. Altogether the throughput time of the parts can be significantly lowered by applying the described process chain.

The quenching procedure in heat treatment always leads to so-called heat distortions. Compared to conventional quenching with oil non-systematic heat distortions can be significantly reduced by applying gas quenching [GEIS09]. Therefore the possible field of application for gear finish hobbing, which is limited by the heat distortions that remain on the part, is enlarged. Consequently, for gears with medium accuracy requirements the described process chain is also competing with the energy and cost intensive hard finishing processes.

For the effective application of gear finish hobbing, the advantages offered by the technology have to be fully developed. Therefore, precise knowledge of the machining process and the technological influences is required.

Gear hobbing basically causes process-related deviations of the flank topography from the ideal involute. On the one hand feed marks occur in the direction of tooth width due to the finite tool diameter combined with the axial feed and the tool pressure angle. On the other hand the tooth flanks provide generated cut deviations in lead direction. This refers to the fact, that the involute is approximated by a limited number of straight lines. In order to minimize these topography deviations, a high number of generating cuts on the tooth flank is required. To reach a high productivity anyhow, the cutting speed is an essential factor.

A combined single pass rough and finish cutting strategy causes comparably high cutting lengths. An increase in cutting speed therefore causes a high thermal load on the tool. This leads to the thesis, that a strict separation of the functions 'gashing' and 'flank finishing' is technologically and economically required. A tool with a separate roughing and finishing hob specially adapted to the different functions is beneficial. Therefore this thesis focuses on finish machining of already gashed gearings.

The industrial requirement on gear finish hobbing is to reach the accuracy of gear shaving within a reduced machining time. This essential question for the industrial application of gear finish hobbing therefore is, how the gear finish hobbing process has to be designed to meet this goal reliably. Due to a lack of systematic scientific research, the process design currently is based on the existing experiences. It has to be assumed that the potential of the manufacturing process thereby is not fully exploited.

In order to enable a technologically optimized process design already during the planning phase, comprehensive analyses of the wear behavior of potential tool systems are required. The results of these analyses have to be prepared so that they can be adopted for any concrete application.

This thesis shall contribute the prediction of tool wear in the gear finish hobbing process by means of a prognosis model. To achieve a universal prognosis model for different machining tasks, a database for gear finish hobbing shall be developed based on analogy trials. The capability of this model shall be proven by sample machining tasks.

In technological respect the thesis is motivated by enabling an optimized process design without comprehensive examinations for the concrete application. Establishing the required prognosis model and proving its function is the scientific motivation of this thesis.

2 Stand der Wissenschaft und Technik

State of the Art

Für das Verständnis des Wälzfräsprozesses ist die abwälzende Erzeugung einer Evolvente von großer Relevanz. Daher werden im Folgenden die für die abwälzende Generierung der Zahnflanken relevanten Grundlagen sowie die Charakteristika des Wälzfräsverfahrens erläutert. Darauf aufbauend wird ausgehend vom derzeitigen Stand der Wissenschaft und Technik der Forschungsbedarf abgeleitet, der diese Arbeit motiviert.

2.1 Stirnradverzahnungen

Cylindrical Gears

Zahnräder dienen der unmittelbaren formschlüssigen Übertragung von Drehmoment und Drehbewegung zwischen parallelen, sich kreuzenden oder sich schneidenden Achsen [BOEG07]. Diese Übertragung kann ‚leitend', d. h. mit konstantem Moment und konstanter Drehzahl oder ‚umformend', d. h. unter Änderung des Moments und der Drehzahl erfolgen [ROTH01]. Im Folgenden werden Stirnräder mit parallelen Achsen betrachtet.

2.1.1 Geometrische Grundlagen

Geometrical Basics

Die Übersetzung i einer Zahnradpaarung ist definiert als das Verhältnis der Winkelgeschwindigkeit des treibenden Rades (ω_1) zum getriebenen Rad (ω_2):

$$i = \frac{\omega_1}{\omega_2} \tag{2.1}$$

Mit $v_{C1} = \omega_1 \cdot r_{C1}$ und $v_{C2} = \omega_2 \cdot r_{C2}$ ergibt sich für die Wälzkreise mit den Radien r_{Ci}, zwischen denen ein schlupffreies Abrollen stattfindet, mit $v_{C1} = v_{C2}$:

$$i = \frac{\omega_1}{\omega_2} = \frac{r_{C2}}{r_{C1}} \tag{2.2}$$

Für eine gleichförmige Übersetzung (i = konst.) ergibt sich hieraus, dass das Verhältnis der Wälzkreisradien r_{Ci} konstant ist. Bei konstantem Achsabstand bedeutet dies, dass die Räder immer in einem konstanten Wälzpunkt C abwälzen [KECK56]. Hieraus leitet sich das Verzahnungsgesetz ab. Es besagt, dass für die gleichförmige Übersetzung einer Winkelgeschwindigkeit von einer Welle auf eine zweite mithilfe von Zahnflanken die gemeinsame Normale der beiden als Flankenprofile verwendeten Kurven in jedem Berührpunkt durch den Wälzpunkt C verlaufen muss [ROTH01].

Die heute industriell am meisten verbreitete Verzahnung, die dem Verzahnungsgesetz entspricht, ist die Evolventenverzahnung. Die wesentlichen Vorteile dieser Verzahnung liegen in der guten Herstellbarkeit durch wälzende Verfahren [ROTH01] und der Unempfindlichkeit gegen Achsabstandsveränderungen im Betrieb [BERN40].

Eine Evolvente entsteht durch Abrollen der Geraden TY auf einem Grundkreis mit dem Durchmesser d_b, **Bild 2.1**. Die Strecke TY zwischen dem tangentialen Berührpunkt T und dem Evolventenpunkt Y ist dabei immer gleich der Bogenlänge TU. Der lokale Krümmungsradius ρ_Y am Punkt Y der Evolvente entspricht somit immer der Strecke TY [NIEM85]. Der Ortsvektor des Evolventenpunkts Y kann abhängig vom Winkel ξ bestimmt werden:

$$\vec{y}(\xi) = \frac{d_b}{2} \cdot \begin{pmatrix} sin(\xi + \eta_u) + \xi \cdot cos(\xi + \eta_u) \\ cos(\xi + \eta_u) + \xi \cdot sin(\xi + \eta_u) \end{pmatrix} \tag{2.3}$$

Die Evolvente erfüllt immer das Verzahnungsgesetz, da die Erzeugende TY immer eine Tangente an den Grundkreis ist. Der Wälzpunkt zweier im Eingriff befindlicher Evolventenverzahnungen ergibt sich daher als Schnittpunkt der Tangente an beide Grundkreise mit der Verbindungsstrecke der beiden Mittelpunkte. Aus diesem Zusammenhang ergibt sich auch die Unempfindlichkeit der Evolventenverzahnung gegenüber Achsabstandsveränderungen.

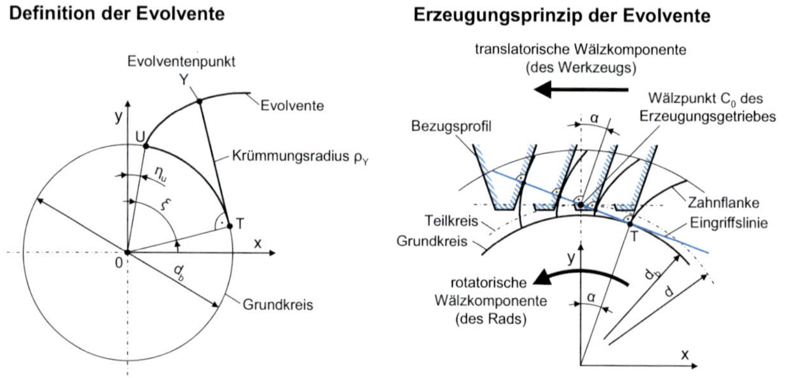

Bild 2.1: Definition und Erzeugung der Evolvente [DIN87]

Definition and generation of the involute

Die Geometrie der Evolvente ist eindeutig durch den Durchmesser d_b des Grundkreises bestimmt. Bei kleinem Grundkreis ergibt sich eine stark gekrümmte und bei großem Grundkreis eine schwach gekrümmte Evolvente. Wird der Grundkreis unendlich groß, d. h. das Zahnrad geht in eine Zahnstange über, so ergibt sich als Evolvente eine Gerade.

Zur Definition evolventischer Verzahnungen werden Bezugsprofile verwendet. Diese sind unter anderem durch einen Eingriffswinkel α charakterisiert, vgl. Bild 2.1 rechts. Das Bezugsprofil wälzt mit dem Teilkreis (Durchmesser d) der Verzahnung im Wälzpunkt C_0 ab. Dies bedeutet, dass das Bezugsprofil eine translatorische Bewegung ausführt, während der Teilkreis des Zahnrads um dieselbe Bogenlänge rotiert. Der Teilkreis schneidet die vom Grundkreis ausgehende Evolvente unter einem Winkel von 90° - α. Auf dem Teilkreis ist der Abstand der aufeinanderfolgenden Zahnflanken eines Zahnrads als Teilung p mit

$$p = \frac{m_n \cdot \pi}{\cos\beta} \tag{2.4}$$

definiert [DIN87]. Hierbei ist der Normalmodul m_n ein Maß für die Verzahnungsgröße und β der Schrägungswinkel der Verzahnung. Für den Teilkreisdurchmesser d ergibt sich hieraus mit der Zähnezahl z der Zusammenhang

$$d = \frac{z \cdot m_n}{\cos\beta}. \tag{2.5}$$

Das beschriebene Erzeugungsprinzip der Evolvente wird zur Herstellung von Verzahnungen – beispielsweise durch Wälzfräsen – angewendet.

2.1.2 Prozessketten zur Herstellung von Stirnradverzahnungen

Process Chains for Machining Cylindrical Gears

Aufgrund der hohen mechanischen und geometrischen Qualitätsanforderungen an Leistungsverzahnungen werden diese heute üblicherweise durch spanende Fertigungsverfahren hergestellt oder zumindest spanend feinbearbeitet. Als Verzahnungswerkstoffe werden im Wesentlichen Einsatz-, Vergütungs- oder Nitrierstähle verwendet. Die gängigsten Prozessketten zur Zahnradherstellung sind in **Bild 2.2** dargestellt.

Ausgehend von einem Rohteil, das entweder ein Schmiedeteil oder abgelängtes Stangenmaterial ist, wird die Geometrie des Grundkörpers durch Drehen der rotationssymmetrischen Formelemente hergestellt. Im nächsten Schritt wird die Verzahnung mit einem Aufmaß für die Feinbearbeitung erzeugt. Dieser Arbeitsschritt wird häufig als Verzahnen oder Vorverzahnen bezeichnet. Hierbei können sowohl Wälzverfahren, die nach dem oben beschriebenen Prinzip arbeiten, als auch Formverfahren wie das Räumen oder Formfräsen angewendet werden, bei denen die Zahnlückengeometrie im Werkzeug abgebildet ist. Im Anschluss wird durch einen spanenden oder umformenden Fertigungsschritt die Verzahnung stirnseitig entgratet und angefast, um ein zu starkes Aufkohlen bei der Wärmebehandlung und die daraus resultierende Versprödung der Kanten zu vermeiden [WINK08].

Um eine ausreichende Härte und Abriebfestigkeit der Zahnflanken bei duktilem Grundmaterial zu erreichen, werden Leistungsverzahnungen einer Wärmebehandlung in Form einer thermochemischen Behandlung unterzogen [DIN94]. Hochbelastete Verzahnungen werden üblicherweise einsatzgehärtet, da so die größte Randhärte erreicht werden kann. Bei diesem Verfahren wird die Randzone eines Bauteils aufgekohlt, um sie härtbar zu machen. Es besteht aus den Prozessschritten Austenitisieren, Aufkohlen, Abschrecken und Anlassen. Die konventionelle Prozesskette des

Einsatzhärtens wird als Gasaufkohlen und Ölabschrecken bezeichnet [BAUS06]. Hierbei entstehen teilweise erhebliche Härteverzüge.

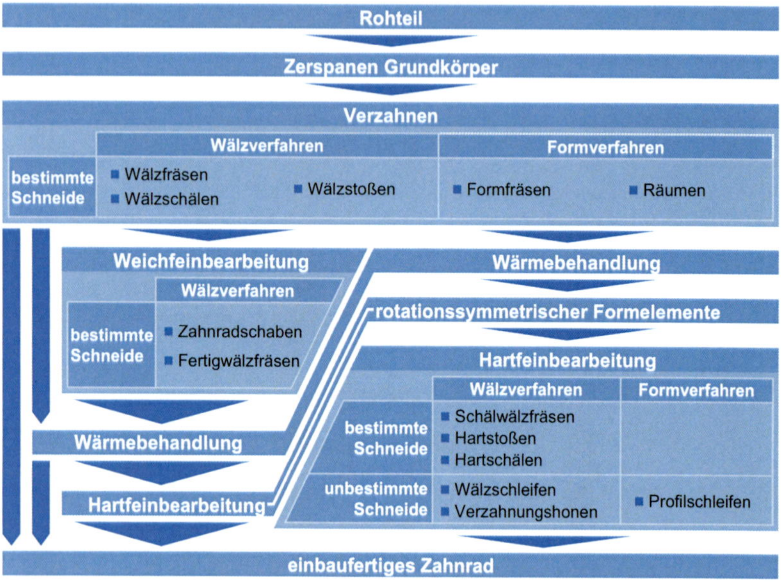

Bild 2.2: Prozessketten der spanenden Zahnradfertigung
Process chains in gear machining

Auch durch Nitrieren oder Nitrokarburieren ist eine Verbesserung der Randzoneneigenschaften möglich. Die hierbei erzielbaren Härtewerte liegen jedoch unter denen des Einsatzhärtens. Die Vorteile des Verfahrens liegen in der geringen Prozesstemperatur, bei der keine Gefügeänderung und daher keine Änderung des spezifischen Volumens stattfinden. Daher treten nur geringe, rein thermische Formänderungen auf [HUCH07].

Einsatzgehärtete Verzahnungen mit hohen geometrischen Genauigkeitsanforderungen werden üblicherweise einer Hartfeinbearbeitung unterzogen. Diese kann einerseits durch Verfahren mit geometrisch unbestimmter Schneide, wie dem Wälz- und Profilschleifen oder dem Verzahnungshonen, oder durch Verfahren mit geometrisch bestimmter Schneide erfolgen. Die zuletzt genannten Verfahren entsprechen kinematisch den Vorverzahnverfahren.

Verzahnungen mit geringen bis mittleren Qualitätsanforderungen können bereits vor der Wärmebehandlung einer Weichfeinbearbeitung unterzogen werden. Nachteilig ist hierbei, dass unsystematische Härteverzüge, die aus der anschließenden Wärmebehandlung resultieren, nicht kompensiert werden können, da im Anschluss an die Wärmebehandlung keine weitere Verzahnungsbearbeitung stattfindet [PEIF04]. Der Vorteil der Weichfeinbearbeitung liegt in einer Reduzierung der Fertigungskosten. Für viele Laufverzahnungen im Modulbereich bis etwa $m_n = 3$ mm ist eine Weichfeinbearbeitung ausreichend. Dies bedingt, dass die Wärmebehandlung prozesssicher beherrscht wird, sodass nur geringe unsystematische Härteverzüge auftreten.

Zur Weichfeinbearbeitung von Verzahnungen wird üblicherweise das Zahnradschaben verwendet. Da bei diesem Verfahren am Werkzeug teilweise negative kinematische Freiwinkel vorliegen und der Spanraum stark begrenzt ist, ist zu seiner Durchführung der Einsatz von Kühlschmierstoff unabdingbar [SCHR07; PEIF04].

Eine durchgehend kühlschmierstofffreie und somit ökologisch günstige Prozesskette der Zahnradfertigung kann durch die Verwendung des Wälzfräsens als Weichfeinbearbeitungsverfahren erreicht werden. Weiterhin besteht die Prozesskette aus dem Einsatzhärten durch Niederdruck-Aufkohlen und Hochdruck-Gasabschrecken [LOES07] und dem Hartdrehen zur Hartfeinbearbeitung rotationssymmetrischer Formelemente. Eine alternative, durchgehend trockene und dabei hochproduktive Prozesskette zur Verzahnungsherstellung von Bauteilen mittlerer bis hoher Qualität ist derzeit nicht realisierbar [PEIF04].

Neben den ökologischen Vorteilen können bei der beschriebenen, trockenen Prozesskette die Reinigungsvorgänge in der Prozesskette zum Entfernen des am Bauteil anhaftenden Kühlschmierstoffs und Öls vor und nach der Wärmebehandlung entfallen. Durch die verkürzte Prozesskette werden die Durchlaufzeiten in der Fertigung reduziert. Das Investitionsvolumen für eine Fertigungslinie wird verringert, da keine zusätzliche Zahnradschabmaschine erforderlich ist und keine Maschine zum Profilieren und Nachschärfen der Schabräder bereitgestellt werden muss.

Das Verfahren Niederdruck-Aufkohlen und Hochdruck-Gasabschrecken, das zusammen mit dem Fertigwälzfräsen die trockene Prozesskette erst ermöglicht, wird seit den 1990er Jahren für das Einsatzhärten kleinerer Bauteile angewendet [RINK07]. Im Unterschied zum atmosphärischen Gasaufkohlen wird das Niederdruck-Aufkohlen bei einem Prozessdruck von $p < 20$ mbar durchgeführt. Hierbei finden sauerstofffreie Kohlenwasserstoffe wie Acetylen oder Propan Verwendung, sodass das Zahnrad auf der Oberfläche keine Randoxidation erfährt. Hierdurch kann eine deutlich bessere Oberfläche der weichfeinbearbeiteten Verzahnung ohne Zunderschicht erreicht werden. Zudem kann das Kohlenstoffangebot deutlich höher gewählt werden, als bei der Gasaufkohlung, sodass die Taktzeiten verringert werden können [HEUE10; LOES09].

Das Hochdruck-Gasabschrecken ermöglicht im Gegensatz zum Abschrecken im Ölbad eine gleichmäßige Behandlung der gesamten Charge sowie eine gezielte Temperaturführung. Hierdurch können die auftretenden unsystematischen Härteverzüge erheblich reduziert werden [GEIS09]. Dies ermöglicht die Anwendung einer kostengünstigen Weichfeinbearbeitung in Qualitätsbereichen, die zuvor der Hartfeinbearbeitung vorbehalten waren.

Insgesamt birgt das Ersetzen des Zahnradschabens durch das Fertigwälzfräsen in Kombination mit einer Wärmebehandlung durch Niederdruck-Aufkohlen und Hochdruck-Gasabschrecken das Potenzial einer sowohl ökologisch als auch ökonomisch vorteilhaften Weichfeinbearbeitung von Verzahnungen. Eine gleichzeitige Verbesserung der Verzahnungsqualität aufgrund gesteigerter Reproduzierbarkeit der Härteverzüge und der Vermeidung von Randoxidation bringt zusätzliche Vorteile gegenüber der konventionellen Weichfeinbearbeitung und ermöglicht einen Vorstoß in die Bereiche der energie- und kostenintensiven Hartfeinbearbeitung.

2.2 Wälzfräsen von Stirnradverzahnungen

Hobbing of Cylindrical Gears

Aufgrund seiner hohen Wirtschaftlichkeit ist das Wälzfräsen das dominierende spanende Verfahren zur Herstellung außenverzahnter Stirnräder [KLOC08c; BAUS06; FELT99]. Einschränkungen im Einsatz des Verfahrens können aufgrund der Geometrie des Werkzeugs und der Prozesskinematik aus Störkonturen am Werkrad resultieren [WOLF08; VUCE06b].

2.2.1 Geometrische und kinematische Grundlagen

Geometric and Kinematic Basics

Das Wälzfräsverfahren ist ein spanendes Verzahnverfahren mit geometrisch bestimmter Schneide. Es ist durch diskontinuierliche Spanbildungsvorgänge mit komplexer, stetig veränderlicher Spanungsgeometrie charakterisiert [GUTM88; BOUZ81a; SULZ73; HOFF70]. Die Durchdringung von Werkzeug und Werkstück entspricht dem Prinzip der Paarung einer Schnecke mit einem Schneckenrad. Hierbei entspricht die Schnecke dem Wälzfräser und das Schneckenrad dem Werkrad, **Bild 2.3** links [KLOC08c; ABLE03; LINK10].

Ein Wälzfräser ist eine zylindrische Schnecke, deren Profil im Normalschnitt dem Zahnstangenbezugsprofil entspricht. Diese Schnecke wird durch axiale Spannuten unterbrochen. Die sich hierdurch ergebenden Zähne des Wälzfräsers sind in Form einer archimedischen Spirale hinterarbeitet, sodass der für den Zerspanvorgang benötigte Freiwinkel entsteht, spanflächenseitiges Nachschleifen des Werkzeugs aber ohne Veränderung des Bezugsprofils ermöglicht wird [KLOC08c; ABLE03; LINK10].

Durch die Rotation des Wälzfräsers wird die Schnittbewegung erzeugt. Zum Generieren des Zahnrads ist neben dieser Schnittbewegung eine überlagerte, rotatorische Bewegung des Werkrads erforderlich, der Wälzvorschub f_w. Er ist entsprechend dem Verhältnis aus Frässergangzahl z_0 und Werkstückzähnezahl z_2 mit der Rotation des Werkzeugs gekoppelt [KLOC08c]. Um die Steigung γ des Wälzfräsers zu kompensieren und einen möglichen Schrägungswinkel β_2 der Verzahnung zu realisieren, wird die Werkzeugmittelachse gegenüber der Senkrechten zur Werkstückachse um den Schwenkwinkel η geschwenkt [ABLE03; NN76].

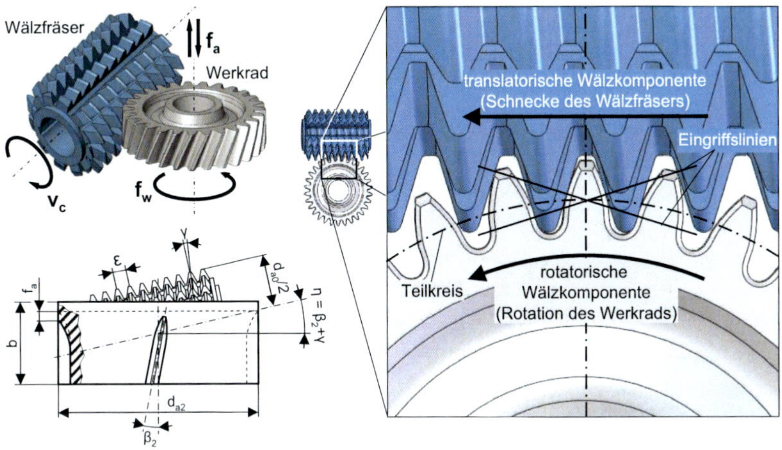

Bild 2.3: Verfahrensprinzip des Wälzfräsens

Principle of gear hobbing

Zur Bearbeitung der gesamten Breite des Werkrads ist eine weitere Vorschubbewegung in Zahnbreitenrichtung erforderlich. Üblicherweise wird heute das Werkzeug mit einem Axialvorschub f_a in Richtung der Werkradachse verfahren. Der Axialvorschub wird dabei auf eine Werkstückumdrehung bezogen angegeben [WINK05a; FELT99; NN85]. Bei Schrägverzahnungen ist gleichzeitig eine Anpassung des Wälzvorschubs entsprechend dem Schrägungswinkel erforderlich [BAUS06; ABLE03; FELT99; LINK10]. Diese Prozessführung wird als Pfauter-Verfahren [NN76] oder als Axialverfahren [NN85] bezeichnet. Weitere mögliche Prozessführungen sind unter den Namen Tangential-, Diagonal- oder Grant-Verfahren bekannt [NN76] und werden an dieser Stelle nicht dargestellt.

Abhängig von der Vorschubrichtung wird zwischen der Bearbeitung im Gleich- und Gegenlauf unterschieden. Im Gleichlauf sind die Schnittgeschwindigkeit und die Vorschubrichtung des Werkstücks relativ zum Werkzeug gleich-, im Gegenlauf entgegengerichtet [KLOC08c]. Zusätzlich wird bei der Bearbeitung einer Schrägverzahnung zwischen gleich- und gegensinniger Bearbeitung unterschieden. Gleichsinnige Bearbeitung liegt vor, wenn der Steigungswinkel des Wälzfräsers und der Schrägungswinkel des Werkrads dieselbe Richtung aufweisen, gegensinnige Bearbeitung, wenn die Winkel entgegen gerichtet sind [NN85].

Die Evolventengeometrie der Zahnflanken wird gemäß dem in Bild 2.1 dargestellten Erzeugungsprinzip hergestellt, vgl. Bild 2.3 rechts. Die rotatorische Wälzkomponente ergibt sich aus der Drehung des Werkrads während die translatorische Wälzkomponente aus der Schnecke des Wälzfräsers und seiner Drehung resultiert. Der Betrag beider Komponenten ist für den Erzeugungs-Wälzkreis gleich groß [DIN87]. Weisen Werkzeug und Werkrad dieselbe Teilung, also denselben Normalmodul auf, entspricht der Erzeugungs-Wälzkreis dem Teilkreis. Für beide Zahnflanken ergeben sich Eingriffslinien, die den Teilkreis jeweils unter dem Eingriffswinkel schneiden. Aufgrund des beschriebenen Abwälzvorgangs können Räder mit beliebiger Zähnezahl und beliebigem Schrägungswinkel mit einem einzigen Werkzeug gefertigt werden, sofern sie denselben Modul bei gleichem Bezugsprofil aufweisen [NN85].

Neben dem Profilierungsbereich, in dem das Profil der beiden Werkradflanken gemäß Bild 2.3 durch Abwälzen erzeugt wird, existiert bei der Vorbearbeitung meist ein zusätzlicher Vorschneidbereich, in dem die Wälzfräserzähne in das Material eintauchen, aber noch keine Profilierung der Endkontur vorgenommen wird, **Bild 2.4** [NN76].

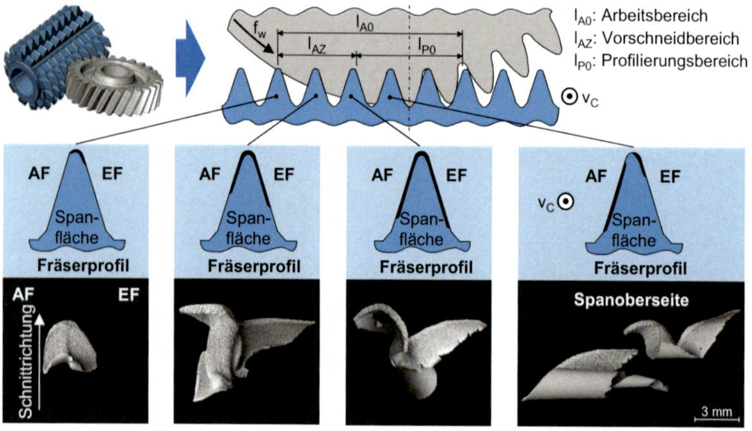

Bild 2.4: Spanformen bei der Vorbearbeitung durch Wälzfräsen [WINK05a]
Chip geometries in roughing by gear hobbing

Die abwälzende Kinematik des Wälzfräsprozesses führt bei der Vorbearbeitung von Verzahnungen zu einer individuellen Spanbildung an den einzelnen Schneiden, die unterschiedliche Wälzstellungen repräsentieren. Aus dieser individuellen Spanbildung folgt eine unterschiedliche Belastung mit spezifischer Verschleißausprägung der einzelnen Fräserzähne [WINK05a]. Um den auftretenden Verschleiß möglichst gleichmäßig über die gesamte Länge des Wälzfräsers zu verteilen und das Werkzeug somit wirtschaftlicher zu nutzen, wird das Werkzeug entlang seiner Längsachse meist in diskreten Schritten verschoben. Diese Verschiebung wird als ‚Shiften' bezeichnet [ABLE03].

2.2.2 Verfahrensbedingte Verzahnungsabweichungen

Gear Deviations referring to the Manufacturing Process

Infolge der Werkzeuggeometrie und Prozesskinematik kann die Evolventengeometrie der Werkradzähne beim Wälzfräsen durch die entstehenden Schnittflächen nur angenähert werden. Hierdurch entstehen je nach Größe und Form der einzelnen Hüllflächen der Werkzeugschneiden Abweichungen von der theoretischen Flankenform sowohl in Richtung des Zahnprofils (Evolvente) als auch in Zahnbreitenrichtung [NN85]. Diese sind auf den Zahnflanken links in **Bild 2.5** gut erkennbar und werden in Vorschubmarkierungen (VM) und Hüllschnittabweichungen (HA) unterteilt [BAUS06].

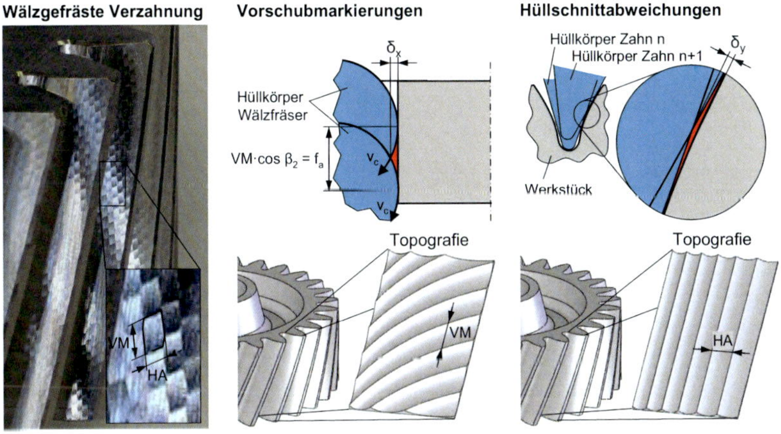

Bild 2.5: Verfahrensbedingte Abweichungen von der idealen Evolvente
Deviations from the ideal involute due to the machining process

Vorschubmarkierungen entstehen aufgrund der axialen Vorschubbewegung um den Betrag f_a während einer Werkzeugumdrehung in Kombination mit der annähernd kegelförmigen Hüllfläche der Wälzschnecke. Sie können durch einen reduzierten Axialvorschub und durch einen vergrößerten Fräserdurchmesser verringert werden [NN85]. Vorschubmarkierungen treten in Zahnbreitenrichtung, im Verzahnungsmessdiagramm auch als Flankenrichtung bezeichnet, auf. Die Vorschubmarkierungstiefe δ_x auf der Zahnflanke kann für Schrägverzahnungen näherungsweise nach der Formel

$$\delta_x = \left(\frac{f_a}{\cos \beta_2} \right)^2 \cdot \frac{\sin \alpha_n}{4 \cdot d_{a0}} \tag{2.6}$$

berechnet werden [NN08; BAUS06]. Hierbei ist β_2 der Schrägungswinkel des Werkrads, α_n der Eingrifswinkel im Normalschnitt und d_{a0} der Außendurchmesser des Wälzfräsers. Abweichend von der dargestellten Formel wird in [SPUR80] eine Näherungsformel mit einem weiteren cos β_2 im Zähler angegeben. Für geringe Schrägungswinkel sind die Ergebnisse beider Formeln annähernd identisch.

In Zahnhöhenrichtung, die auch als Profilrichtung bezeichnet wird, treten Hüllschnittabweichungen auf. Diese resultieren daher, dass die Zahnflanke beim Wälzfräsen mit einem annähernd geradflankigen Werkzeug abwälzt, das nur eine diskrete Anzahl an Spannuten aufweist. Die Evolvente wird entsprechend durch einzelne Geradenabschnitte angenähert. Im eigentlichen Sinne ist das Zahnprofil demnach ein Polygon, dessen Geradenabschnitte die ideale Evolvente tangieren. Die Breite der Hüllschnittabweichungen HA nimmt über der Zahnhöhe mit dem Krümmungsradius der Evolvente zu.

Die Abweichung von der idealen Evolvente wird als Höhe der Hüllschnittabweichungen δ_y bezeichnet. Diese kann für den Teilkreis des Werkstücks näherungsweise nach der Formel

$$\delta_y = \frac{\pi^2 \cdot z_0^2 \cdot m_n \cdot \sin\alpha_n}{4 \cdot z_2 \cdot n_i^2} \tag{2.7}$$

ermittelt werden [NN08; BAUS06]. Die Formelzeichen z_o und n_i bezeichnen dabei die Gang- und Spannutenzahl des Wälzfräsers und z_2 die Zähnezahl des Werkstücks. Bei kleinen Werkradzähnezahlen z_2 sind die Hüllschnittabweichungen aufgrund der stärkeren Krümmung des Profils und des größeren Verdrehwinkels des Werkstücks je Fräserzahn größer [BAUS06]. Da die Einflüsse der Spannutenzahl n_i und der Gangzahl z_0 mit guter Annäherung im gleichen Verhältnis gegenläufig sind, wird häufig eine sogenannte effektive Spannutenzahl $n_{i,eff}$ mit

$$n_{i,eff} = n_i / z_0 \tag{2.8}$$

als Werkzeugkennwert definiert [BAUS06].

Die Höhe der Hüllschnittabweichungen nimmt allgemein über dem Zahnprofil vom Fuß zum Kopf hin zu [NN85; SPUR80]. Die maximale Höhe der Hüllschnittabweichungen wird entsprechend mit

$$\delta_{y,\max} = \frac{\pi^2 \cdot z_0^2}{4 \cdot z_2 \cdot n_i^2} \cdot \sqrt{d_{a2}^2 - d_{b2}^2} \tag{2.9}$$

angenähert [NN85; SPUR80]. Hierbei bezeichnen d_{a2} und d_{b2} den Außen- bzw. Grundkreisdurchmesser des Werkrads.

Vorschubmarkierungen und Hüllschnittabweichungen überlagern sich zu der in Bild 2.5 dargestellten Oberflächenstruktur. Dabei beträgt die maximale Gesamt-Formabweichung von der idealen Evolvente die Summe aus den sich kreuzenden Einzelabweichungen. Weitere Abweichungen wälzgefräster Zahnflanken können aus der Teilungsgenauigkeit mehrgängiger Wälzfräser resultieren [LINK10]. Um Formabweichungen aufgrund der Teilungsgenauigkeit zu minimieren, sollte daher jeder Fräserzahn in jeder Zahnlücke schneiden [BAUS06].

2.2.3 Anwendungsbereiche des Wälzfräsens

Applications of Gear Hobbing

Bei der Herstellung von Laufverzahnungen wird das Wälzfräsen sowohl zum Verzahnen (Vorbearbeitung) als auch zur Feinbearbeitung eingesetzt, vgl. Bild 2.2. Eine Feinbearbeitung von Verzahnungen durch Wälzfräsen ist grundsätzlich sowohl im weichen (Weichfeinbearbeitung) als auch im gehärteten Zustand (Hartfeinbearbeitung) möglich. Die Bearbeitung im harten Zustand wird als Schälwälzfräsen bezeichnet [BAUS06; FELT99]. Im Vergleich zur Weichfeinbearbeitung bietet sie den Vorteil der Eliminierung von Härteverzügen. Allerdings muss hierzu die bereits gehärtete Zahnflanke bearbeitet werden. Dies wirkt sich negativ auf die Bearbeitungszeit aus, sodass Verfahren mit geometrisch unbestimmter Schneide meist produktiver sind.

Die Feinbearbeitung von Verzahnungen aus Einsatz- oder Vergütungsstählen, die nicht durch Einsatzhärten oder Nitrieren wärmebehandelt wurden, durch Wälzfräsen wird heute häufig als Fertigfräsen bezeichnet [VUCE06a; WOLF06; PEIF05; WINK05b]. Da es sich hierbei um einen Wälzfräsprozess handelt, wird in dieser Arbeit der Begriff ‚Fertigwälzfräsen' verwendet.

Über dem weitreichenden Modulbereich, in dem das Wälzfräsverfahren angewendet wird, ergeben sich unterschiedliche Werkzeugkonzepte für eine hochproduktive Bearbeitung. Da das in dieser Arbeit betrachtete Verfahren des Fertigwälzfräsens insbesondere für Verzahnungen im Modulbereich bis etwa $m_n = 3$ mm relevant ist, beschränken sich die nachfolgenden Betrachtungen auf diesen Bereich.

Verzahnen

Das Ziel der Verzahnoperation, die auch als Vorbearbeitung bezeichnet wird, ist, möglichst effizient eine Verzahnung in einen Drehling einzubringen. Hierbei muss lediglich eine akzeptable Verzahnungsqualität sichergestellt sein [BAUS06]. Dies beinhaltet neben der Profilform, der Flankenlinie, der Teilung und dem Rundlauf auch die Vorschubmarkierungen, die je nach sich anschließendem Feinbearbeitungsverfahren zwischen $\delta_x = 10$ µm und 30 µm betragen dürfen [BAUS06]. Heute werden Wälzfräsoperationen für Pkw-Verzahnungen, die dem Verzahnen dienen (vgl. Bild 2.2), vielfach in einem Prozessschritt, d. h. als Einschnittbearbeitung, durchgeführt [ABLE03].

Häufig werden hochproduktive Verzahnoperationen mit der Bezeichnung Hochgeschwindigkeits- oder HSC-Bearbeitung (High Speed Cutting) in Verbindung gebracht [DEGN09; ABLE03; RECH01]. Der Begriff HSC beschreibt jedoch die Bearbeitung unter leichten Schnittbedingungen mit sehr hoher Schnittgeschwindigkeit im kontinuierlichen oder unterbrochenen Schnitt zum Erreichen einer hohen Werkstückqualität [BOOS08; TOEN01; HEIS96]. Dem gegenüber wird als Hochleistungs- oder HPC-Bearbeitung (High Performance Cutting) eine Bearbeitung mit hohem Vorschub bei mittlerer Schnittgeschwindigkeit und großer Zerspanleistung beschrieben, wozu große Spindelleistungen erforderlich sind [TOEN01]. Entsprechend sind heutige Verzahnprozesse grundsätzlich im Bereich der HPC-Bearbeitung angesiedelt und können als Hochleistungswälzfräsen bezeichnet werden.

Hartfeinbearbeitung – Schälwälzfräsen

Das Schälwälzfräsen kann prinzipiell zur Hartfeinbearbeitung von Verzahnungen mittlerer Qualität bis zu einem Modul von etwa m_n = 40 mm verwendet werden [BAUS06]. Hierbei werden einsatzgehärtete Verzahnungen mit einer Härte von etwa 56 bis 60 HRC bearbeitet. Charakteristisch für das Schälwälzfräsen ist der „schälende Schnitt", der aufgrund einer Neigung der Spanfläche entsteht, die häufig als „negativer Kopfspanwinkel" bezeichnet wird [BAUS06]. Da beim Schälwälzfräsen nur die Zahnflanken bearbeitet werden [KLOC03], kann die Belastung der Werkzeugschneide in einem Orthogonal- oder Außenrund-Drehfräsversuch nachgebildet werden. Mithilfe dieses Analogieversuchs wurden zahlreiche wissenschaftliche Untersuchungen zur Eignung unterschiedlicher Schneidstoffe und Randzonenbeeinflussung durchgeführt [KLOC03; VUEL98; KOEN95; KAIS92; KOEN92; KOEN89].

Aktuelle Berichte aus der Praxis zum Schälwälzfräsen liegen lediglich zu Verzahnungen im Modulbereich bis m_n = 2,5 mm vor [PEIF00; KOEP94]. In älteren Untersuchungen wird die Durchführung des Verfahrens auch bei größeren Moduln berücksichtigt [THYS89; ROOS83; VERN83; MENT79]. Grundlegende Betrachtungen zeigen, dass die erreichbare Verzahnungsqualität primär durch die Profilabweichungen eingeschränkt wird [LIER86]. Grundsätzlich ist das Schälwälzfräsen sowohl zum ausschließlichen Entfernen von Härteverzügen vor dem Verzahnungsschleifen als auch zur Fertigbearbeitung von Verzahnungen mittlerer Qualität geeignet [SPRE87; ERDM86].

Weichfeinbearbeitung – Fertigwälzfräsen

Bei der Herstellung von Laufverzahnungen durch Wälzfräsen muss sehr viel Werkstückmaterial zerspant werden, woraus hohe Bearbeitungskräfte und entsprechend große Geometrieabweichungen resultieren. Für eine Weichfeinbearbeitung von Laufverzahnungen hingegen muss die ideale Zahnflankengeometrie innerhalb der geforderten Toleranzen einer Fertigbearbeitung angenähert werden. Um die beim Wälzfräsen prozessbedingt auftretenden Vorschubmarkierungen und Hüllschnittabweichungen gering zu halten, ist eine große Anzahl an Schnitten erforderlich, durch welche die Evolvente angenähert wird. Der entscheidende Faktor zur Erzielung einer hohen Produktivität bei vorgegebener Verzahnungsqualität ist daher die Schnittgeschwindigkeit. Entsprechend ist ein hochproduktiver Fertigwälzfräsprozess als HSC-Verfahren (High Speed Cutting) [BOOS08; TOEN01; HEIS96] auszulegen.

Auf Basis der dargestellten unterschiedlichen Anforderungen der Volumenzerspanung zur Herstellung der Zahnlücke einerseits und dem Erreichen der erforderlichen Fertigteilqualität andererseits ist die Aufteilung der Fertigbearbeitung in einen separaten Schrupp- und Schlichtschnitt sinnvoll [WINK07]. Im Schlichtschnitt muss lediglich ein geringes Flankenaufmaß zerspant werden, sodass hier deutlich höhere Schnittgeschwindigkeiten gewählt werden können [VUCE06a; PEIF05, WINK05b].

In bisherigen Anwendungen konnte festgestellt werden, dass die Qualität fertigwälzgefräster Verzahnungen an die durch das Zahnradschaben erzielbare Qualität heranreicht [WINK05b]. Um eine wirtschaftliche Alternative zum Zahnradschaben darzustellen, muss zusätzlich zur Bauteilqualität die große Produktivität dieses Verfahrens erreicht werden. Da die ideale Zahnflankentopografie beim Fertigwälzfräsen nur durch eine große Anzahl an Schnittflächen angenähert werden kann, muss das Verfahren im Hinblick auf eine große erreichbare Schnittgeschwindigkeit optimiert werden. Neben der Prozessauslegung kommt hierbei dem verwendeten Werkzeugsystem eine entscheidende Bedeutung zu.

2.3 Werkzeugsysteme zum Fertigwälzfräsen

Tool Systems for Gear Finish Hobbing

Entscheidend für eine wirtschaftliche Bearbeitung durch Wälzfräsen ist die Werkzeuggestaltung in Kombination mit der Prozessauslegung [BAUS06]. Die Werkzeuggestaltung wird dabei durch die folgenden Faktoren bestimmt:

- Makrogeometrie
- Schneidstoff
- Oberflächen- und Kantenpräparation

Im Folgenden werden die einzelnen Faktoren im Hinblick auf das Fertigwälzfräsen dargestellt.

2.3.1 Makrogeometrie

Macro Geometry

Die Makrogeometrie von Wälzfräsern ist in DIN 4000-141 [DIN05] parametriert. Sie wird im Wesentlichen durch die Werkzeugbauart als Schaft- oder Bohrungswerkzeug, das Bezugsprofil des Werkzeugs und die geometrische Werkzeugauslegung beschrieben. Als Werkzeugauslegung werden einerseits die produktivitätsbeeinflussenden Größen Außendurchmesser, Spannuten- und Gangzahl und andererseits die Gestaltung der Spannuten und der zerspantechnologisch relevanten Span- und Freiwinkel verstanden.

Derzeit existieren grundsätzlich unterschiedliche Konzepte zur Auslegung eines Fräswerkzeugs für die Kombination von Verzahnen und Fertigwälzfräsen. Für vergleichsweise geringe geometrische Anforderungen, wie z. B. für Steckverzahnungen kann eine Einschnittstrategie angewendet werden, **Bild 2.6**. Stand der Technik für die Herstellung von Laufverzahnungen ist die Durchführung einer Zweischnittstrategie unter Nutzung desselben Werkzeugs ohne Vershiften für beide Schnitte [WINK07]. Alternativ dazu können separate Schrupp- und Schlichtbereiche auf einem Wälzfräser realisiert werden, die durch Vershiften zwischen Vor- und Fertigbearbeitung in Eingriff gebracht werden. In beiden Fällen ergibt sich der folgende geometrische Zusammenhang zwischen dem Zahnflankenaufmaß a_F und dem Zahnfußaufmaß a_R, welches der radialen Schlichtzustellung h_2 entspricht:

$$a_F = a_R \cdot \sin\alpha_{n2} = h_2 \cdot \sin\alpha_{n2} \tag{2.10}$$

Die dritte Möglichkeit ist die Verwendung eines separaten Schlichtfräsers. Hieraus ergibt sich der Vorteil, dass das Schlichtwerkzeug – ähnlich dem Schälwälzfräser – ein abweichendes Bezugsprofil mit zurückgesetztem Zahnkopf aufweisen kann, sodass in dem Bereich der Schneidkante, der bei identischem Profil die größte Belastung erfährt, keine Spanbildung stattfindet [FRIE08; WINK07]. Kombiwerkzeuge ermöglichen Schruppbearbeitung, Anfasen der Verzahnung und Schlichtbearbeitung in einer Aufspannung [GERE07; WOLF06; WINK05b].

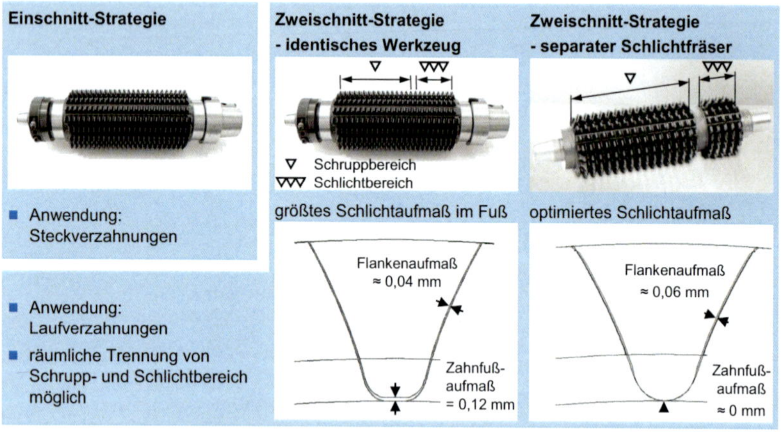

Bild 2.6: Bearbeitungsstrategien und zugehörige Werkzeuge [WINK07]
Cutting strategies and corresponding tools

Aufgrund der weitgehenden Unabhängigkeit der Auslegung des Schrupp- und Schlichtfräsers voneinander bietet die letzte Werkzeugvariante die größten Freiheitsgrade bei der Gestaltung des Schlichtwerkzeugs und ist daher das aussichtsreichste Werkzeugkonzept.

2.3.2 Schneidstoffe

Cutting Materials

Für spanende Fertigungsverfahren mit bestimmter Schneide steht potenziell eine große Zahl von Schneidstoffen zur Auswahl. Diese sind in **Bild 2.7** qualitativ anhand ihrer mechanischen Eigenschaften eingeordnet. Die Verschleißfestigkeit eines Schneidstoffs auch bei hohen Temperaturen ist entscheidend für seine Eignung zur Bearbeitung mit hohen Schnittgeschwindigkeiten. Eine hohe Zähigkeit und Biegefestigkeit hingegen ist für die Anwendung großer Vorschübe insbesondere im unterbrochenen Schnitt erforderlich. Der ideale Schneidstoff würde sowohl über eine große

Warmverschleißfestigkeit als auch über eine hohe Biegewechselfestigkeit verfügen. Da es sich hier um gegensätzliche Forderungen handelt, ist die Auswahl eines Schneidstoffs immer ein Kompromiss [KLOC08c; WEIS04].

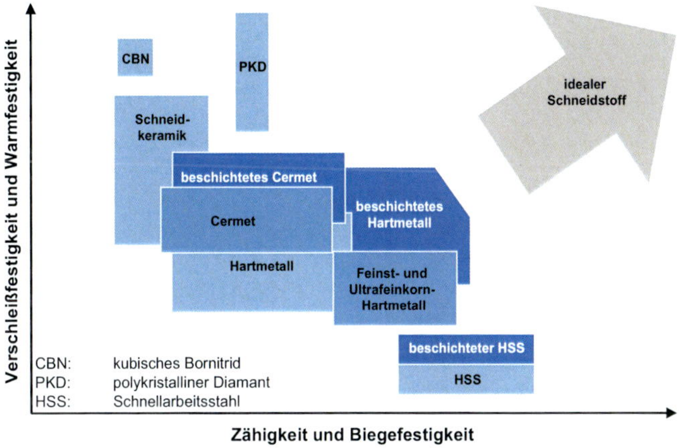

Bild 2.7: Schneidstoffe
Cutting materials

Für das Hochleistungswälzfräsen werden üblicherweise relativ zähe Schneidstoffe in Kombination mit Hartstoffbeschichtungen gewählt. Hierbei kommen Schneidstoffe aus pulvermetallurgisch hergestelltem Schnellarbeitsstahl (PM-HSS) und Hartmetallwerkzeuge auf Basis von Wolframkarbid zum Einsatz [KLOC08a; BAUS06; WINK05a; ADLE03; KLEI03; FELT99]. Im Hinblick auf eine weitere Steigerung der Produktivität wurde zudem der Einsatz von Cermets in Betracht gezogen [KOEP02; KLOC05]. Hierbei konnten jedoch für eine Schruppbearbeitung keine Vorteile gegenüber Wolframkarbid-basiertem Hartmetall ermittelt werden [KLOC05].

Analog zum Verzahnen werden für das Fertigwälzfräsen heute üblicherweise Werkzeuge aus PM-HSS [WINK07; VUCE06a, WINK05b] oder aus Hartmetall [THIJ08; WINK07; PEIF05, TSCH94] verwendet. Gesicherte Erkenntnisse in Bezug auf geeignete Werkzeugsysteme, also Schneidstoffe und Hartstoffschichten, aber auch Werkzeugauslegung und Schneidengeometrie, liegen derzeit nicht vor. Erste Versuche mit einem Wälzfräser mit aufgelöteten Cermet-Schneiden zeigen, dass diese unbeschichtet eingesetzt werden können, da Cermets thermisch und chemisch sehr beständig sind und keine ausgeprägte Affinität zu Stahl aufweisen [ARIU02].

Für die Hochgeschwindigkeitsbearbeitung ist auch der hochharte Schneidstoff polykristallines kubisches Bornitrid (PCBN) von Interesse. Seine Eignung wurde in Laborversuchen bereits für die Bearbeitung gehärteter Bauteile bei Schnittgeschwindigkeiten von bis zu 900 m/min nachgewiesen [ARIU02; KOEN92]. Eine Anwendung dieses Schneidstoffs beim Fertigwälzfräsen ist bisher nicht bekannt.

Im Folgenden werden die genannten Schneidstoffe anhand ihrer wesentlichen Eigenschaften charakterisiert.

Schnellarbeitsstahl

Schnellarbeitsstähle, kurz HSS (High Speed Steel) sind hoch legierte Werkzeugstähle mit den Hauptlegierungselementen Wolfram, Molybdän, Vanadium, Kobalt und Chrom. Die Entwicklung der Schnellarbeitsstähle geht auf Taylor zurück, der sie im Jahre 1900 erstmals vorstellte [SCHO02].

Aufgrund ihrer guten Zähigkeitseigenschaften verfügen Schnellarbeitsstähle über hohe Biegefestigkeiten [KLOC08c]. Ihre Härte von 60 bis 67 HRC wird maßgeblich durch das Grundgefüge (Martensit) und die Anzahl und Verteilung der Karbide im Gefüge beeinflusst [HAUF72]. Sie bleibt bis zu einer Anlasstemperatur von etwa 600 °C erhalten [KLOC08c; LINK10]. Pulvermetallurgisch hergestellte Schnellarbeitsstähle (PM-HSS) weisen im Vergleich zu erschmolzenen Schneidstoffen ein homogeneres Gefüge auf und können höher legiert werden [KLOC08c; GOBR06]. Ihr Karbidgehalt in gehärtetem und angelassenem Zustand liegt deutlich über dem konventioneller Schnellarbeitsstähle [SCHT07]. Hieraus resultiert eine höhere Härte und Warmfestigkeit des Schneidstoffs.

In der Verzahntechik werden Schnellarbeitsstähle vor allem für geometrisch komplizierte Werkzeuge wie Wälzfräser eingesetzt, die schlagartigen Belastungen unterliegen [LINK10]. Der Übergang zum Trockenwälzfräsen führt aufgrund der im Vergleich zur Nassbearbeitung gesteigerten thermischen Belastung des Werkzeugs industriell zum nahezu ausschließlichen Einsatz vollbeschichteter Wälzfräser aus PM-HSS [KLOC08c; BAUS06]. Bei großen Schnittgeschwindigkeiten sind Werkzeuge aus HSS aufgrund der hohen Schnitttemperaturen jedoch auch im beschichteten Zustand nur begrenzt anwendbar [KLOC08c].

Hartmetall

Der Begriff Hartmetall (HM) bezeichnet sintertechnisch hergestellte Kombinationen metallischer Hartstoffe mit vergleichsweise weichen Metallen als Bindephase. [KLOC08c; KLEI03]. Sie werden in die Gruppen WC-Co-Hartmetalle, WC-(Ti,Ta,Nb)C-Co-Hartmetalle und Cermets eingeteilt. Allgemein wird der Begriff ‚Hartmetall' vorwiegend als Bezeichnung für Wolframkarbid-basierte Schneidstoffe geprägt, sodass auch im Folgenden der Begriff ‚Hartmetall' ausschließlich diese Schneidstoffe bezeichnet. Für Schneidstoffe auf Basis von Titankarbonitrid (TiCN) wird die Bezeichnung ‚Cermet' verwendet.

Hartmetalle verfügen auch bei hohen Temperaturen über gute mechanische Eigenschaften. Sie besitzen bei 1.000 °C die Härte von Schnellarbeitsstahl bei Raumtemperatur [KLOC08c]. Nach DIN ISO 513 [ISO05] werden WC-Co-Hartmetalle der Zerspanungshauptgruppe K (Gusseisen) und WC-(Ti,Ta,Nb)C-Co-Hartmetalle der Gruppe P (Stahl) zugeordnet [TOEN04]. Darüber hinaus beschreibt eine Zahl die

Verschleißfestigkeit und Zähigkeit des Schneidstoffs [ISO05]. Gegebenenfalls existiert eine zusätzliche Angabe zur Korngröße des Hartmetalls [WEIS04].

K-Hartmetalle zeichnen sich durch hohe Kanten- und Verschleißfestigkeit aus. Jedoch haben sie gegenüber Schneidstoffen der Gruppe P den Nachteil einer hohen Affinität zu Stahl. Bei hohen Zerspantemperaturen tritt im Kontakt zwischen Stahl und dem Hartmetall eine Diffusionsreaktion ein. Dies führt zur Auflösung von Wolframkarbiden mit erhöhtem Werkzeugverschleiß als Folge [WINK05a]. Daher werden K-Hartmetalle zum Wälzfräsen nur vollbeschichtet eingesetzt [KLEI03].

Der Anteil der Kobalt-Bindephase wirkt sich bei den K-Hartmetallen deutlich auf das Einsatzverhalten aus. Die Zähigkeit des Schneidstoffs steigt durch eine Erhöhung des Anteils der Bindephase. Gleichzeitig nimmt die Härte und somit die Verschleißfestigkeit ab [WEIS04]. Neben der Zusammensetzung der Hartmetalle hat die Korngröße der Karbide großen Einfluss auf ihre Eigenschaften. Im Allgemeinen wirkt sich eine feine Körnung der Karbide (< 1 µm) vorteilhaft auf die Härte, die Druckfestigkeit, die Verschleißfestigkeit und die Kantenfestigkeit aus [TOEN04; BERG00]. Dies geht allerdings zulasten der Bruchzähigkeit, d. h. des Widerstands gegen Rissausbreitung. [BERG98; DREY01] Für das Trockenwälzfräsen kommen derzeit typischerweise vollbeschichtete Feinstkorn-Hartmetalle (Korngröße 0,5 .. 0,8 µm) der Anwendungsgruppen K10F bis K30F zum Einsatz [KOBI02; WINK05a].

Bei Hartmetallen der Zerspanungshauptgruppe P kann insbesondere durch Zulegieren von Titankarbid (TiC) die Diffusionsneigung deutlich reduziert werden [KOLA92]. Hierbei stellt sich jedoch ein Verspröden des Schneidstoffs ein (größere Härte, geringere Zähigkeit). Einen ähnlichen, jedoch geringeren Effekt auf die Diffusionsneigung hat das Einbringen von Tantalkarbid (TaC) in das Hartmetall, das meist als Tantal-Niob-Mischkarbid (Ta,Nb)C-Mischkristalle zulegiert wird. Dies führt neben der Diffusionshemmung zu einer besseren Warmverschleißfestigkeit, geht allerdings zulasten der Biegefestigkeit des Schneidstoffs [DREY01; KLEI03; WINK05a]. Aufgrund der verringerten Diffusionsneigung tritt bei P-Hartmetallen auch im spanflächenseitig nachgeschliffenen Zustand kein Verkleben der Späne auf [BAUS06].

Cermet

Der Begriff Cermet ist zusammengesetzt aus den englischen Begriffen Ceramic und Metal. Er bezeichnet Hartmetalle, die, im Gegensatz zu den Hartmetallen auf WC-Co-Basis, im Wesentlichen kubische Hartstoffphasen auf Basis von Titankarbonitrid enthalten [KOLA90; WAGN92].

Die grundsätzlichen Merkmale des Schneidstoffs Cermet im Vergleich zu Wolframkarbid-basiertem Hartmetall sind eine hohe Härte und Schneidkantenstabilität. Dies führt aufgrund vermindertem abrasivem Freiflächenverschleiß zu einer hohen Form- und Maßhaltigkeit sowie zu hohen Oberflächengüten des Werkstücks bei nur geringer Gratbildung [DREY97; ERRI97; KOLA90]. Durch die chemischen Eigenschaften der geringen Löslichkeit in Eisen, der nur schwachen Reaktionsneigung zu Eisen und der geringen Oxidationsneigung werden Diffusion und Kolkverschleiß weitgehend vermieden. Cermets sind daher bei hohen Zerspantemperaturen und Schnittgeschwindigkeiten einsetzbar [WAGN92].

Das Eigenschaftsprofil des Schneidstoffs kann ähnlich dem des Hartmetalls durch eine Variation der Hartstoffphase im Hinblick auf die aus der Zerspanaufgabe resultierenden Anforderungen optimiert werden. Durch Zugabe von Titannitrid (TiN) zum Titankarbid (TiC) wird eine Verbesserung der Zähigkeit [WAGN92] und infolgedessen des Thermoschockwiderstands [FRIT97; JUNG02] sowie der Verschleißfestigkeit [FRIT97] erreicht. Auch Niob- und Tantalkarbid (NbC, TaC) haben einen positiven Einfluss auf den Thermoschockwiderstand und die Beständigkeit gegenüber mechanischer Stoßbelastung [ERRI97]. Zur Steigerung der Risszähigkeit werden außerdem Molybdänkarbid (Mo_2C) [ERRI97] und Aluminium [FRIT97] zugesetzt.

Die geringe Wärmeleitfähigkeit der Cermets hat bei der Zerspanung hohe Kontaktzonentemperaturen zur Folge. Hieraus resultiert in Kombination mit der großen Härte und einem hohen Wärmeausdehnungskoeffizienten eine große Thermoschockempfindlichkeit [ISHI04]. Daher sind Cermets insbesondere bei Fräsprozessen nur im Trockenschnitt einsetzbar [BERG00; DREY97]. Die Zähigkeit und Festigkeit der Cermets ist mit den Werten von P-Hartmetallen vergleichbar [FRIT97; KOLA90], wobei Cermets eine wesentlich bessere Oxidations- und Temperaturbeständigkeit aufweisen [DREY97].

Typische Anwendungen für Cermet-Schneidstoffe sind das Schlichtdrehen und -fräsen von Stahl- und Gusswerkstoffen bei hohen Schnittgeschwindigkeiten [DREY97; FRIT97; WAGN92]. Die hohe Warmhärte des Binders erlaubt hierbei für unbeschichtete Cermets Schnittgeschwindigkeiten von bis zu v_c = 500 m/min, was selbst beschichtete Hartmetalle (v_c = 350 m/min) deutlich übertrifft [KOLA90].

Zum Einsatz von Cermets für das Verzahnen durch Wälzfräsen existieren bisher nur wenige Erkenntnisse [KLOC05; KOEP02]. Er wird aufgrund des ermittelten Leistungsvermögens im Vergleich zu den hohen Werkzeug- und Schleifkosten derzeit als nicht wirtschaftlich angesehen [BAUS06; WINK05a]. In Japan wurden Untersuchungen mit der Kombination eines HSS-Wälzfräsers zum Schruppen und einem Wälzfräser mit Cermet-Schneiden zum Schlichten durchgeführt. Hierbei wurde ein mit Cermet-Schneiden bestücktes Werkzeug bei geringen Schnittgeschwindigkeiten von v_c = 100 bis 200 m/min eingesetzt [ARIU02].

PCBN

Kubisch kristallines Bornitrid (CBN) ist nach Diamant das zweithärteste Material und kommt nicht natürlich vor. Im Gegensatz zu Diamant, der in oxidierender Atmosphäre bei einer Temperatur von etwa 650 °C graphitisiert [TOEN04], besitzt CBN eine bessere thermische und chemische Beständigkeit [KLOC08c]. Es ist bei atmosphärischem Druck bis zu einer Temperatur von etwa 2.000 °C stabil [JACK97].

CBN wird durch einen katalytischen Sinterprozess bei Temperaturen zwischen 900 und 1.800 °C und Drücken zwischen 2,5 und 7 GPa ähnlich der Herstellung von Industriediamanten aus hexagonalem Bornitrid (HBN) hergestellt [CORR92]. Als

Katalysatoren werden Nitride, Amide und Fluoride auf Lithium- und Magnesiumbasis verwendet [CORR92; DEMA95]. Für den Einsatz in Werkzeugen mit geometrisch bestimmter Schneide werden die CBN-Kristalle gemahlen, gereinigt und zu polykristallinem kubischem Bornitrid (PCBN) weiterverarbeitet [JACK97].

PCBN besteht, ähnlich wie Hartmetall, aus CBN als dem Härteträger und einer Bindephase [FINZ96]. In einem Sinterprozess werden die CBN-Körner mithilfe der Bindephase zu einer PCBN-Schicht versintert und gleichzeitig auf eine Hartmetallunterlage aufgebracht [JACK97]. Als Binder werden Aluminium, Titan, Titanaluminiumnitrid, Titankarbid oder Kobalt, Nickel und Wolfram verwendet [KRAT06b].

Hoch CBN-haltige PCBN-Schneidstoffe besitzen eine Knoop-Härte von etwa 26 bis 43 GPa [KRAT06b]. Da die Bindephase eine geringere Härte als das CBN hat, nimmt die Härte des Schneidstoffs mit zunehmendem Gehalt der Bindephase ab [BENK00; BENK99]. Die Biegefestigkeit von PCBN liegt im Bereich von 0,6 bis 1,4 GPa [KRAT06b] und ist damit deutlich geringer als die der oben aufgeführten Schneidstoffe.

Werkzeuge aus PCBN werden bevorzugt zur spanenden Bearbeitung von gehärtetem Stahl mit einer Härte von 55 bis 68 HRC, Schnellarbeitsstahl, Grauguss, Hartguss, Sintermetallen und hoch warmfesten Legierungen auf Nickel- und Kobaltbasis verwendet, die sich mit Hartmetallwerkzeugen nur schwer zerspanen lassen. Tribochemische Reaktionen können bei der Zerspanung gehärteter Stähle zu erhöhtem Verschleiß führen. Daher werden PCBN-Werkzeuge auch mit Hartstoffbeschichtungen versehen [KLOC08c]. Im Wälzfräsprozess wurde PCBN bisher nur für den Einsatz bei der Hartfeinbearbeitung erprobt [KOEN92 ARIU02].

Die Schneidstoffe Cermet und PCBN bieten für das Fertigwälzfräsen das Potenzial einer gesteigerten Produktivität durch größere Schnittgeschwindigkeiten. Um diese Schneidstoffe jedoch technologisch und wirtschaftlich mit den heute zum Fertigwälzfräsen üblichen Schneidstoffen HSS und Hartmetall vergleichen zu können, muss das Leistungsvermögen aller Schneidstoffe grundlegend untersucht werden.

2.3.3 Oberflächen- und Kantenpräparation

Surface and Edge Preparation

Der Schneidkante inklusive der angrenzenden Span- und Freifläche kommt bei der Zerspanung eine besondere Bedeutung zu. Die Spanbildung und die erzeugte Werkstückoberfläche werden maßgeblich von der Werkzeugoberfläche und ihren tribologischen Eigenschaften beeinflusst. Gleichzeitig ist die Schneidkante beim Kontakt zur erzeugten Werkstückoberfläche und zum Span einer großen mechanischen, thermischen und auch chemischen Belastung ausgesetzt.

Um die Leistungsfähigkeit des Zerspanwerkzeugs zu verbessern, kann sowohl eine stoffliche Präparation in Form einer Hartstoffbeschichtung als auch eine mikrogeometrische Präparation nach dem Schleifen der Werkzeuggeometrie vorgenommen werden.

Hartstoffbeschichtungen

Eine aufgebrachte Hartstoffbeschichtung kann die Leistungsfähigkeit eines Zerspanwerkzeugs erheblich steigern [WINK05a; KLEI03]. Die Eigenschaften des entstandenen Verbundwerkstoffs resultieren dabei sowohl aus den Eigenschaften der Einzelkomponenten als auch aus den Mechanismen, die aus dem Verbund der Werkstoffe resultieren [KLEI03]. Daher kommt der Abstimmung von Schneidstoff, Werkzeuggeometrie und Beschichtung auf die Bearbeitungsaufgabe eine besondere Bedeutung zu [RECB02].

Die zentrale Funktion der Hartstoffschicht ist der Verschleißschutz des Zerspanwerkzeugs [BACH04b; BUNS01; DREY97]. Dieser ist in erster Linie von der Schichthärte abhängig [BACH04b; RECB02]. Weitere Funktionen der Hartstoffschicht sind die thermische Isolation des Schneidstoffs und die Minimierung der Reibung zwischen Span und Werkzeug [DREY97]. Die Hartstoffschicht trennt Werkzeug und Werkstück voneinander und wirkt so Abrasions-, Adhäsions-, Diffusions- und Oxidationsvorgängen zwischen Substrat und Werkstück entgegen [KLOC08c]. Die tribologischen und thermisch-physikalischen Eigenschaften des Hartstoffs bewirken eine Veränderung der Spanablaufgeschwindigkeit, der Spandicke, der Spankrümmung und der Spantemperatur [RECB02].

Durch die Hartstoffschicht ergibt sich bei der Bearbeitung im unterbrochenen Schnitt eine Reduzierung der Substrattemperatur, die insbesondere beim Einsatz von HSS deutlich höhere Schnittgeschwindigkeiten ermöglicht. Dieser Effekt wird allgemein durch die thermische Isolationswirkung der Schicht begründet [BOBZ03; DREY97; KLOC04; ZIMM99]. Dem steht die Tatsache gegenüber, dass die Schichten eine nur sehr geringe Stärke aufweisen, weshalb die Ursache für die geringere thermische Belastung des Schneidstoffs auch im geänderten Spanbildungsprozess vermutet wird [RECB02]. Ungeachtet dessen führen thermisch isolierende Schichten im unterbrochenen Schnitt zu einer gleichmäßigeren Wärmeverteilung im Werkzeug. Hierdurch verringern sich die thermischen Spannungen, wodurch das Auftreten von Kammrissen bei thermoschockempfindlichen Schneidstoffen wie Cermet oder Hartmetall minimiert wird. Mögliche Druckeigenspannungen der Schicht können einer Rissaufweitung zusätzlich entgegenwirken. [ZIMM99]

Als Hartstoffe werden Stoffe bezeichnet, deren Vickershärte mindestens 1.000 HV beträgt [BOBZ03]. In **Tabelle 2.1** sind die wesentlichen Eigenschaften typischer, für die Beschichtung von Wälzfräsern eingesetzter Hartstoffe dargestellt. Titannitrid (TiN) stellte Ende der 1970er Jahre den ersten industriell für die Stahlverarbeitung erfolgreich einsetzbaren Schichthartstoff dar [BOBZ03]. Die Titanaluminiumnitrid-Schicht ((Ti,Al)N) ermöglicht demgegenüber aufgrund der höheren Oxidations- und Verschleißbeständigkeit eine deutliche Steigerung der Schnittgeschwindigkeit.

In jüngerer Zeit setzen sich in der Praxis vermehrt Aluminiumchromnitrid ((Al,Cr)N) basierte Schichtsysteme durch [DUBE04]. Mit diesem Hartstoff ist aufgrund der größeren Oxidationsbeständigkeit eine Steigerung der Schnittgeschwindigkeit möglich. Als Nachteil ergeben sich für diese Schicht allerdings hohe Druckeigenspannungsgradienten im Interface zwischen Substrat und Schicht, die zu einer reduzierten Schichthaftung und, insbesondere bei größeren Schichtdicken (> 2 µm [RECB02]), zur Gefahr von Schichtabplatzungen führen.

Tabelle 2.1: Hartstoffschichten zum Wälzfräsen
Hard Material Coatings for Gear Hobbing

Hartstoffe	**TiN**	**Ti(C,N)**	**(Ti,Al)N**	**(Al,Cr)N**
Mikrohärte [HV0,05]	2.300..2.700	2.800..3.000	3.300..3.600	3.200
Reibwert µ	0,4	0,4	0,3 - 0,4	0,35
Eigenspannung [N/mm²]	-2.500	-4.000	-1.400	-3.000
Wärmeleitfähigkeit [W/mK]	70	100	50	k.A.
Oxidationsbeständigkeit [°C]	450..600	350..400	750..900	1.100

Quelle: Oerlikon Balzers, CemeCon

Das Aufbringen einer Beschichtung auf Zerspanwerkzeuge kann sowohl mithilfe chemischer als auch physikalischer Mechanismen erfolgen. Das CVD-Verfahren (Chemical Vapour Deposition) beruht auf einer chemischen Gasreaktion an der erhitzten Oberfläche des Substrats unter Abscheidung einer Feststoffkomponente [BACH04b; BOBZ03]. Aufgrund der hohen Prozesstemperaturen (800-1.100 °C) ist der Einsatz des konventionellen Hochtemperatur-CVD-Verfahrens zur Beschichtung von Schnellarbeitsstahl grundsätzlich nicht geeignet [LINK10]. Bei Hartmetall führt dieses Beschichtungsverfahren zu einer signifikanten Eigenspannungsreduzierung aufgrund von Relaxation der Kobalt-Bindephase [GOTO98; KLEI03], die aufgrund der Ähnlichkeit der Bindephase auch für Cermets angenommen werden kann. Aufgrund von Gefügeumwandlungen versprödet Hartmetall zudem bei Temperaturen oberhalb von 800 °C [DREY01; KLEI03]. Varianten des CVD-Verfahrens sind das Mitteltemperatur-CVD-Verfahren und das plasmaunterstützte CVD-Verfahren (P-CVD).

Das zweite zur Verfügung stehende Verfahren ist der PVD-Prozess (Physical Vapour Deposition). Er beruht auf dem Abscheiden von Atomen oder Molekülen aus der Gas- oder Dampfphase und läuft bei Temperaturen zwischen 140 und 550 °C im Hochvakuum ab. Hierbei werden die festen Ausgangsstoffe nach unterschiedlichen physikalischen Prinzipien von einer Materialquelle (Target) abgedampft [KLAS05; BOBZ03; BUNS01; OHRI02]. Weitere Komponenten (z. B. Stickstoff) können durch Reaktivgase zugeführt werden. Das verdampfte Material reagiert mit den Gasionen zum Hartstoff und kondensiert anschließend auf der zu beschichtenden Oberfläche [BOBZ03]. Aufgrund der geringeren Prozesstemperaturen ist die negative Beeinflussung des Substrats deutlich reduziert und die Entstehung von kritischen, thermisch bedingten Zugeigenspannungen kann vermieden werden [BACH04b; BOBZ03; OHRI02].

Zur Beschichtung von Schneidwerkzeugen werden heute meist PVD-Verfahren verwendet [KLAS05]. Übliche Schichtdicken liegen zwischen 1 und 5 µm. Sie werden durch die Druckeigenspannungen innerhalb der Hartstoffschicht begrenzt [BOBZ03; RECB02; KLOC08c]. Aufgrund des geradlinigen Teilchenflugs bei PVD-Verfahren ist zum Aufbringen der Hartstoffschicht „Sichtkontakt“ erforderlich. Daher müssen geometrisch komplizierte Werkzeuge wie Wälzfräser während des Beschichtungsvorgangs rotiert werden. Schwer zugängliche, teilweise abgeschattete Bereiche des Werkzeugs erhalten eine geringere Schichtdicke als gut zugängliche Bereiche. Typische Schichtdicken an Verzahnwerkzeugen betragen heute am Zahnkopf etwa 3 bis 6 µm und an den Zahnflanken mindestens 1,5 µm [VOSS08].

Mikrogeometrie und Eigenspannungszustand

Als mikrogeometrische Eigenschaften beeinflussen primär die Rauheit der Spanfläche und die Verrundung und Schartigkeit der Schneidkante den Zerspanprozess. Das Schleifen des Werkzeugs hat in der Regel eine scharfkantige Schneide zur Folge, die durch Scharten und kleinere Ausbrüche unterbrochen wird. Diese wirken sich auf den Zerspanprozess aus und beeinflussen auch die Schichthaftung negativ. Insbesondere bei der Bearbeitung im unterbrochenen Schnitt können Schneidkantenausbrüche die Folge sein [BOUE08]. Werkzeuge aus Schnellarbeitsstahl weisen zusätzlich an Teilen der Schneidkante einen Grat auf, der vor dem Beschichten entfernt werden muss [VOSS08]. Durch eine gezielte Verrundung der Schneidkanten des Werkzeugs vor dem Beschichten kann eine Verbesserung der Schichthaftung an der Schneidkante sowie des Verschleißverhaltens hervorgerufen werden [WEIN04; WINK05a].

Zur Einstellung einer gezielten Kantenverrundung an Verzahnwerkzeugen vor dem Beschichtungsvorgang wurden Mikrostrahl- und Bürstbehandlungen untersucht, wobei durch die Mikrostrahlverfahren bessere Ergebnisse erzielt werden konnten [WINK05a]. Zudem hat die Mikrostrahlbehandlung den Vorteil, dass sie bei geometrisch komplizierten Werkzeugen wie Wälzfräsern vergleichsweise gut angewendet werden kann. Die Strahlbehandlung beeinflusst gleichzeitig die Oberflächentopografie des Werkzeugs und ist in der Lage, Druckeigenspannungen in die Werkzeugrandzone zu induzieren [BOUE08; BERG05; KLEI03]. Insbesondere das Einsatzverhalten mehrfach wiederaufbereiteter Hartmetall-Wälzfräser kann durch Mikrostrahlen vor dem Beschichten verbessert werden [BOUE08; KLEI03]. Die mechanischen Eigenschaften des Schicht-Substrat-Verbunds können darüber hinausgehend durch eine Mikrostrahlbehandlung des beschichteten Werkzeugs optimiert werden [BOUE08].

Ein optimaler Radius der Verrundung von Hartmetall-Werkzeugen für das Verzahnen konnte mit r_β = 15 µm ermittelt werden [WINK05a]. Für Werkzeuge aus PM-HSS werden ebenfalls Werte zwischen r_β = 10 und 15 µm als günstig ermittelt [CLAU09; RECH06]. Bei den hier zugrunde liegenden Untersuchungen wurden jedoch die Einflüsse der Schneidkantenverrundung mit denen einer unterschiedlichen Kantenpräparation durch Strahlen bzw. Durchfließläppen vermischt.

Aufgrund der sehr geringen, beim Fertigwälzfräsen auftretenden Spanungsgeometrien ist davon auszugehen, dass die hierfür erforderlichen Verrundungsradien von den für das Verzahnen als optimal ermittelten Werten abweichen.

2.4 Einsatzverhalten der Werkzeugsysteme

Cutting Performance of the Tool Systems

Das Einsatzverhalten der Werkzeuge zum Wälzfräsen und Fertigwälzfräsen ist durch die anwendbaren technologischen Parameter, die dabei erreichbare Standmenge und die zugrunde liegende Prozesssicherheit gekennzeichnet. Um das Prozessverhalten charakterisieren zu können, ist das Verständnis des auftretenden Werkzeugverschleißes und der Verschleißursachen notwendig.

2.4.1 Verschleißmechanismen und -formen

Wear Mechanisms and Appearance

Die spanende Bearbeitung ist nach DIN 8589-0 definiert als das mechanische Abtrennen von Werkstoffschichten in Form von Spänen von einem Werkstück durch die Schneiden eines Werkzeugs [DIN03]. Bei diesem Vorgang finden im Bercich der Schneide Verformungs-, Trenn- und Reibvorgänge statt. Hieraus resultiert ein komplexes Belastungskollektiv des Werkzeugs [KLOC08c], das in mechanische, chemische und thermische Beanspruchung aufgeteilt werden kann [TOEN04]. Die Folge dieser Beanspruchung ist der Werkzeugverschleiß, der in DIN 50320 als fortschreitender Materialaustrag an der Oberfläche des Werkzeugs definiert wurde [DIN79].

Die Mechanismen, die dem Werkzeugverschleiß zugrunde liegen, sind Abrasion, Adhäsion, tribochemische Reaktionen und Oberflächenzerrüttung [KLOC08c], wobei die tribochemischen Reaktionen in Diffusions- und Oxidationsvorgänge unterteilt werden können. Der Mechanismus der Oberflächenzerrüttung wird auch als Rissbildung bezeichnet [TOEN04]. Abhängig von der Schnitttemperatur und der Kombination aus Werkstückmaterial, Schneidstoff und Beschichtung sind unterschiedliche Mechanismen am Gesamtverschleiß des Werkzeugs beteiligt, **Bild 2.8**.

Während die Auswirkungen des Abrasionsmechanismus in Form von mechanischem Abrieb relativ konstant über der Schnitttemperatur sind, nehmen Diffusions- und Oxidationsvorgänge mit steigender Schnittgeschwindigkeit zu und die Adhäsion tritt in den Hintergrund. Beim Fertigwälzfräsen liegen im Idealfall zwar sehr geringe Spanungsdicken vor [WINK07], durch die großen angestrebten Schnittgeschwindigkeiten ist jedoch – abhängig vom Schneidstoff – ein Werkzeugeinsatz im rechten Bereich der Darstellung zu erwarten.

Die dargestellten Verschleißmechanismen haben unterschiedliche Verschleißformen zur Folge, die in **Bild 2.9** am Beispiel eines beschichteten Vorverzahnwerkzeugs dargestellt sind. Sie lassen sich in Span- und Freiflächenverschleiß einteilen, abhängig davon, ob der Kontakt zum vorbeireibenden Span oder zum Werkstück den Verschleiß hervorruft. Die zugrunde liegenden Mechanismen sind jedoch dieselben.

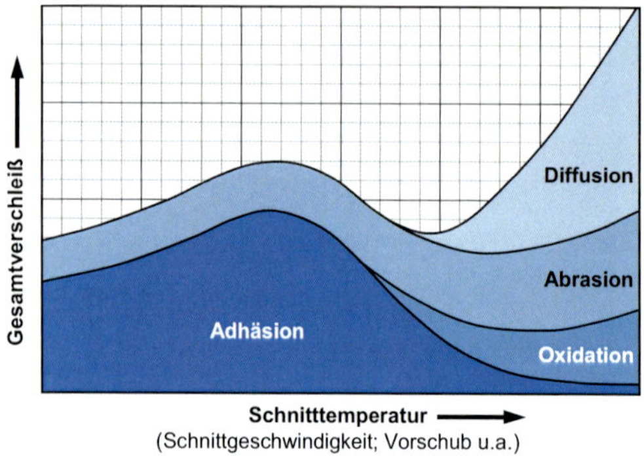

Bild 2.8: Verschleißmechanismen bei der Zerspanung [KLOC08c]
Wear mechanisms in chip forming

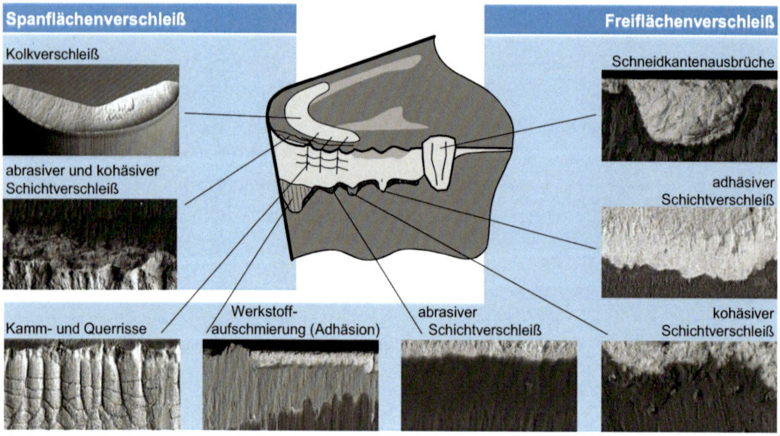

Bild 2.9: Verschleißformen an beschichteten Werkzeugen [WINK05a; KLEI03]
Wear patterns on coated tools

Die Hartstoffbeschichtung verschleißt bei Vorverzahnwerkzeugen üblicherweise aufgrund von Abrasion und Adhäsion. Abrasiver Verschleiß wird mechanisch, durch die Reibung zwischen dem Werkzeug und dem vorbeigleitenden Werkstoff, hervorgerufen. Die Ursachen sind abrasiv wirkende Bestandteile des Werkstoffs oder herausgebrochene Schneidstoffpartikel, die unter hohem Druck am Werkzeug vorbeireiben [GAHR83; GERS98]. Abrasiver Verschleiß wird durch hohe Oberflächentemperaturen und die damit verbundene Entfestigung des Schneidstoffs unterstützt [TOEN04].

Adhäsiver Schichtverschleiß tritt auf, wenn bei der Zerspanung entstehenden Querkräfte zwischen der Werkstückoberfläche und der Hartstoffschicht die Bindungskräfte zwischen der Hartstoffschicht und dem Schneidstoff überschreiten. Ein partielles Ablösen der Hartstoffschicht ist die Folge [KLOC08c; WINK05a; KLEI03]. Werden die Bindungskräfte innerhalb der Hartstoffschicht überschritten, sodass einzelne Lagen der Hartstoffschicht abscheren, wird dies als kohäsiver Schichtverschleiß bezeichnet [KLOC08c; WINK05a; KLEI03].

Als Ursache für die entstehenden Querkräfte wird meist die Ausbildung von Grenzflächen-Haftverbindungen zwischen der durch die Spanbildung erzeugten, stark aktiven Werkstückoberfläche und dem Werkzeug genannt [KLOC08c; KLEI03]. Aufgrund der tangentialen Relativbewegung der Oberflächen werden so entstandene Verbindungen verformt, verfestigt und abgeschert [KLOC08c]. Liegt die Trennebene im Werkstückmaterial, entstehen Werkstoffaufschmierungen, wie sie beispielsweise im Bereich eines von der Hartstoffschicht freigelegten K-Hartmetalls auftreten. In den anderen Fällen tritt der beschriebene adhäsive oder kohäsive Schichtverschleiß auf. Der Effekt der Adhäsion zwischen der Werkstückoberfläche und dem Werkzeug nimmt mit zunehmender Schnittgeschwindigkeit ab [TOEN04] und sollte daher beim Fertigwälzfräsen vergleichsweise unkritisch sein. Auch ohne Adhäsion zwischen der erzeugten Werkstückoberfläche und der Freifläche des Werkzeugs treten jedoch Querkräfte aufgrund der Reibung zwischen den Kontaktpartnern auf.

Kolkverschleiß ist die Folge eines Materialaustrags aus der Spanfläche. Bei Schnellarbeitsstahl kann dieser auf das thermische Erweichen des Schneidstoffs bei hohen Spantemperaturen zurückgeführt werden, nachdem die Hartstoffschicht zuvor aufgrund mangelnder Stützwirkung des Materials entfernt wurde [KLOC04]. Bei Schneidstoffen mit größerer Warmfestigkeit werden Diffusionsvorgänge als Ursache für Kolkverschleiß angesehen [KLOC08c]. Bei einer intakten Hartstoffbeschichtung tritt an Vorzahnwerkzeugen aus Hartmetall üblicherweise kein Kolkverschleiß auf [WINK05a].

Schneidkantenausbrüche, Kamm- und Querrisse sind die Folgen einer Überbeanspruchung der Schneide [KLOC08c]. Kamm- und Querrisse gehen auf den Mechanismus der Oberflächenzerrüttung zurück. Die Ursache hierfür ist eine mechanische und/oder thermische Wechselbelastung des Schneidstoffs, wie sie im unterbrochenen Schnitt auftritt. Als Folge einer mechanischen Überlastung des Werkzeugs entstehen Querrisse parallel zur Schneidkante. Durch die thermische Ausdehnung während der Spanbildung und die Kontraktion nach dem Schneidenaustritt entstehen ebenfalls wechselnde mechanische Spannungen. Kammrisse senkrecht zur Schneidkante sind die Folge dieser thermisch bedingten Ermüdung [TOEN04]. Beim Fertigwälzfräsen treten sehr kurze Kontaktzeiten bei hohen Temperaturen und geringen Zerspankräften auf, sodass insbesondere die Bildung von Kammrissen zu erwarten ist.

Schneidkantenausbrüche können aufgrund einer plötzlichen Überlastung der Schneide beispielsweise aufgrund von harten, nichtmetallischen Einschlüssen oder aufgrund des Einklemmens von Spänen zwischen Schneide und Werkstück auftreten. Auch eine Schädigung der Schneide durch Mikrorisse kann zu Schneidkantenausbrüchen führen [KLOC08c; WINK05a; ISHI04; KLEI03].

Für das Fertigwälzfräsen sind neben abrasivem Verschleiß Diffusions- und Oxidationsvorgänge zu erwarten. Schneidkantenausbrüche insbesondere aufgrund thermischer Zerrüttung des Schneidstoffs sind möglich, müssen aber vermieden werden, um Defekte der erzeugten Funktionsoberfläche des Werkrads ausschließen zu können. Gleiches gilt für das Aufschweißen von Spanmaterial auf der Funktionsoberfläche des Bauteils.

2.4.2 Prozessanalyse, -simulation und Verschleißvorhersage

Process Analysis, Simulation and Wear Prediction

Zur Auslegung effizienter Wälzfräsoperationen ist die Kenntnis geometrischer Zerspankenngrößen von großer Bedeutung. Aufgrund der abwälzenden Kinematik, die von einer axialen Vorschubbewegung überlagert ist, ist eine analytische Bestimmung entsprechender Werte wie beispielsweise bei Drehoperationen [KIEN52] jedoch kaum möglich. Von Hoffmeister wurden daher auf Basis analytisch-geometrischer Betrachtungen Näherungsformeln bezüglich der beim Wälzfräsen im Schruppschnitt auftretenden Kopfspanungsdicken und -längen entwickelt [HOFF70]. Diese sind bis heute ein wichtiges Hilfsmittel bei der Auslegung von Verzahnoperationen.

Zur Ermittlung der exakten auftretenden Spanungsgeometrien und der lokal an der Werkzeugschneide vorliegenden Belastungen werden heute geometrische Prozesssimulationen durchgeführt. Diese basieren meist auf einer Durchdringungsrechnung [KOMO03; WECK03; ABOO02; BOUZ02]. Hierbei wird die Schneidenbahn der einzelnen Wälzfräserzähne durch das Werkstück in einem Modell abgebildet. Die Schnittmenge der Hüllkörper der Werkzeugschneiden und des Werkstücks wird als Spanungsgeometrie ausgegeben und aus der Werkstückgeometrie entfernt [WECK02; WECK03]. Das erste auf diesem Prinzip basierende Programm wurde von Sulzer [SULZ73] entwickelt. Weiterentwicklungen von Mund [MUND92] und Winter [KLOC01] zielten darauf ab, die Rechengenauigkeit zu erhöhen und die für die einzelnen Wälzstellungen (Werkzeugzähne) bestimmten Spanungsgeometrien in einem Post-Prozessor zu prozessbeschreibenden Kenngrößen weiter zu verarbeiten [WINK05a]. Ebenso kann die Durchdringungsrechnung als Basis für die Ermittlung von Zerspankräften verwendet werden [BOUZ81a; GUTM88].

Die von Winter entwickelte Software SPARTA [KLOC01] ist ein zentraler Bestandteil des heutigen Softwaresystems SPARTApro des WZL, das in vielen anwendungsbezogenen Forschungsprojekten die Grundlage für eine geometrische Analyse der Spanungsgeometrien [KLOC09; KLOC07a; KLOC07b; KLOC06b; WINK05a], die Berechnung von Zerspankräften basierend auf dem Zerspankraftmodell nach Gutmann und Bouzakis [KLOC10a; KLOC08b; KLOC06a; GUTM88; BOUZ81a] und eine Optimierung der Werkzeugauslegung [KLOC10a; KLOC09; KLOC07a; WINK05a] darstellt.

Bild 2.10 zeigt einen mit der Software SPARTApro ermittelten Vergleich der Spanungsgeometrien des Verzahn- und Fertigwälzfräsprozesses einer Beispielverzahnung [PEIF05]. Die dargestellten Spanungsgeometrien demonstrieren, dass beim

Verzahnen dicke und großflächige Spanungsgeometrien vorliegen. Dem gegenüber beträgt die maximale Spanungsdicke beim Fertigwälzfräsen mit geringem Schlichtaufmaß nur etwa ein Sechstel des Werts beim Verzahnen. Die maximale Spanungsdicke an den Zahnflanken liegt bei nur etwa $h_{cu,max}$ = 20 µm. Gleichzeitig ist die Ausdehnung der Spanungsgeometrien sowohl in Schneidkanten- als auch in Schnittrichtung deutlich geringer.

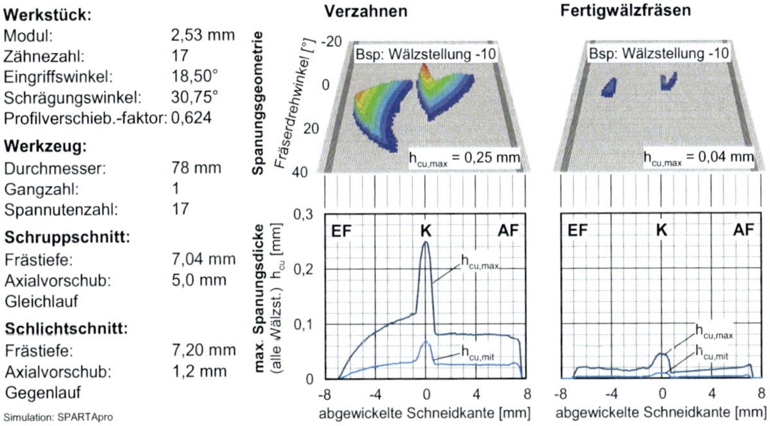

Bild 2.10: Spanungsgeometrien beim Verzahnen und Fertigwälzfräsen im Vergleich
Undeformed chip geometries in roughing and finish hobbing

Auf Basis von Durchdringungsrechnungen kombiniert mit Zerspanversuchen wurden in der Vergangenheit Verschleißmodelle erarbeitet. Zur Vorhersage des maximalen Gesamtverschleißes teilt Bouzakis die Spanungsgeometrien in Klassen ein und bestimmt kumulativ den Betrag der Verschleißmarkenbreite auch für die Überlagerung unterschiedlicher Spanungsgeometrien an der Schneidkante [BOUZ02; BOUZ81b]. Mundt betrachtet die aufsummierte Schnittbogenlänge, die Anzahl an Schneideneingriffen und die mittlere Spanungsdicke als potenzielle Einflussgrößen. Er ermittelt die mittlere Spanungsdicke als dominierenden Einfluss auf den Freiflächenverschleiß. Bei Schrägverzahnungen gewinnt zusätzlich die Schnittbogenlänge an Bedeutung. Für eine absolute Standlängenabschätzung bei geänderten Schnittparametern muss ein Vergleich mit unterschiedlichen Verzahnungsfällen herangezogen werden [MUND92].

Über die Durchdringungsrechnung hinausgehend können Betrachtungen mit der Finite-Elemente-Methode genutzt werden, um auf Basis der bestehenden Zerspankraftmodelle lokale Spannungen im Werkzeug zu ermitteln. Die Problemstellung von Schneidkantenausbrüchen beim anfänglichen Einsatz von Hartmetall-Werkzeugen konnte so ergründet werden [BOUZ88]. Eine FE-basierte Spanbildungssimulation ermöglicht darüber hinaus die Vorhersage von Spankollisionen mit der Werkstückoberfläche sowie die direkte Ermittlung von Temperaturen und Spannungen [BOUZ08; BOUZ05].

Für eine grundlegende Analyse von Fertigwälzfräsprozessen sind Durchdringungsrechnungen ein geeignetes Werkzeug, da mit begrenztem zeitlichem Aufwand für eine große Anzahl unterschiedlicher Prozessauslegungen wesentliche geometrische Kenngrößen wie beispielsweise die maximal auftretenden Spanungsdicken ermittelt werden können.

2.4.3 Entwicklung des Wälz-und Fertigwälzfräsprozesses

Development of the Gear Hobbing and Gear Finish Hobbing Process

Bis zum Anfang der 1990er Jahre stellte das Wälzfräsen mit Kühlschmiermitteln unter Verwendung von HSS-Werkzeugen den Stand der Technik dar [WINK05a; VENO85]. Das Potenzial des Hartmetalls zur Verbesserung der Produktivität durch Steigerung der Schnittgeschwindigkeit war zwar bekannt, die Anwendung des thermoschockempfindlichen Schneidstoffs [ISHI04] unter Einsatz von Kühlschmierstoff führte jedoch zu Schneidkantenausbrüchen [BOUZ88; VENO85]. Diese Problematik konnte durch die Einführung der Trockenbearbeitung auf einer neuen Generation von Werkzeugmaschinen beherrscht werden [MALL00; PETE94].

Die Trockenbearbeitung ermöglichte einerseits den Einsatz von Hartmetall-Wälzfräsern, was zu Leistungssteigerungen von mehr als 300 % führte [ABLE03]. Andererseits erforderte sie auch den Einsatz von beschichtetem Hartmetall, da eine Trockenbearbeitung mit HSS als unmöglich angesehen wurde [KNOE96]. Weiterentwicklungen in der Beschichtungstechnik und die Pulvermetallurgie ermöglichen heute den produktiven Einsatz von PM-HSS bei der Trockenbearbeitung [RECH01].

Im Fokus wissenschaftlicher Betrachtungen des Wälzfräsprozesses stand bisher insbesondere die Steigerung der Produktivität und Wirtschaftlichkeit bei der Vorbearbeitung von Verzahnungen [KLOC06a; KNOC05; WINK05a; HERZ03; KLEI03; KLOC02; KOBI02]. Eingehende Untersuchungen zum Werkzeugverschleiß bei der Schruppbearbeitung für die Bearbeitung mit Schnellarbeitsstahl (HSS) unter Verwendung von Minimalmengenschmierung oder Trockenbearbeitung wurden am IFQ der Uni Magdeburg durchgeführt [HIPP11; KNOC05; HERZ03]. Die Oberflächenpräparation von beschichteten Vorverzahnwerkzeugen aus Schnellarbeitsstahl ist Gegenstand aktueller wissenschaftlicher Untersuchungen [GERT09].

Am WZL wurde in jüngerer Vergangenheit insbesondere die Trockenbearbeitung mit den konkurrierenden Schneidstoffen PM-HSS und Hartmetall untersucht [KOBI02; KLOC02; KLEI03; WINK05a; KLOC06a]. Im Hinblick auf eine weitere Steigerung der Produktivität wurde zudem der Einsatz von Cermets in Betracht gezogen. Hierbei konnten jedoch für eine Schruppbearbeitung keine Vorteile gegenüber Wolframkarbid-basiertem Hartmetall ermittelt werden [KLOC05].

Die Weichfeinbearbeitung von Verzahnungen durch Wälzfräsen wurde wissenschaftlich bisher nur am Rande betrachtet. In frühen Untersuchungen zur Trockenbearbeitung mit Hartmetall konnte gezeigt werden, dass Schneidstoffe der Zerspananwendungsgruppe K10 zur Schlichtbearbeitung bei großen Schnittgeschwindigkeiten eingesetzt werden können [KNOE96]. Später untersuchte Kobialka das Fertigwälzfräsen mit Hartmetall-Werkzeugen in zwei Schnitten, wobei für die Schlichtbearbeitung eine Schnittgeschwindigkeit von v_c = 850 m/min erfolgreich angewendet wurde. Er kommt zu dem Schluss, dass durch Fertigwälzfräsen einbaufertige Werkstückgeometrien erzeugbar sind. Einschränkungen ergeben sich einerseits aus den Fertigungsabweichungen der Hartmetallwerkzeuge und andererseits aus nicht konstanten Geometrieänderungen der Werkstücke infolge der nachfolgenden Wärmebehandlung [KOBI02].

Industriell wird das Fertigwälzfräsen heute mit Werkzeugen aus beschichteten PM-HSS oder Hartmetall bei Schnittgeschwindigkeiten von v_c = 300 bis 400 m/min für PM-HSS bzw. 750 bis 800 m/min für Hartmetall durchgeführt [WINK07]. In Versuchen wurde PM-HSS bei bis zu v_c = 950 m/min eingesetzt [VUCE06a]. Stichversuche wurden mit Hartmetall unter Einsatz von Kühlschmierstoff bei Schnittgeschwindigkeiten von bis 1.000 m/min durchgeführt [VUCE06a]. Diese Werte liegen deutlich über den derzeit typischen Schnittgeschwindigkeiten für das Verzahnen mit v_c = 160 bis 250 m/min für PM-HSS [RAAB09; WINK09] und v_c = 280 bis 500 m/min für Hartmetall [DEGN09; WINK09].

Die derzeit für das Fertigwälzfräsen angewendeten Schnittgeschwindigkeiten liegen deutlich über den für die Schruppbearbeitung üblichen Werten. Trotzdem existieren bisher keine Erkenntnisse dazu, in welchem Schnittgeschwindigkeitsbereich Werkzeuge zum Fertigwälzfräsen sinnvoll eingesetzt werden können. Vor dem Hintergrund, dass die Schnittgeschwindigkeit als entscheidender Faktor in die Produktivität des Fertigwälzfräsprozesses eingeht (vgl. Kapitel 2.2.3), besteht hier der dringende Bedarf nach einer eingehenden wissenschaftlichen Untersuchung.

2.5 HSC-Bearbeitung von Stahlwerkstoffen mit geometrisch bestimmter Schneide

High Speed Cutting of Steel with a Defined Cutting Edge

Analog zur Verzahnungsbearbeitung wurde in den letzten Jahrzehnten die Leistungsfähigkeit der weiteren spanenden Fertigungsverfahren erheblich gesteigert. Der Bereich der Hochgeschwindigkeitsbearbeitung (HSC-Bearbeitung) ermöglicht die Bearbeitung unter leichten Schnittbedingungen mit sehr hoher Schnittgeschwindigkeit im kontinuierlichen oder unterbrochenen Schnitt zum Erreichen einer hohen Werkstückqualität [BOOS08; ABEL04; TOEN01; CHRI96; HEIS96]. Die hierzu verwendeten Schneidstoffe sind zumeist andere, als die derzeit beim Fertigwälzfräsen verwendeten. Da aus den hier vollzogenen Entwicklungen Potenziale für das Fertigwälzfräsen abgeleitet werden können, wird der aktuelle Stand der Hochgeschwindigkeitsbearbeitung im Folgenden umrissen.

2.5.1 Grenzgeschwindigkeit

Transition Speed

In der ersten Hälfte des 19. Jahrhunderts wurde davon ausgegangen, dass die Zerspanungstemperatur bei einer materialabhängigen Schnittgeschwindigkeit ihr Maximum erreicht und bei weiter gesteigerter Schnittgeschwindigkeit wieder abfällt [SCHU89]. Aktuelle Untersuchungen zeigen, dass die Prozessgrößen der Zerspanung, wie beispielsweise Schnittkraft, Scherwinkel, Kontaktlänge, Normal- und Scherspannung, über der Schnittgeschwindigkeit asymptotische Verläufe aufweisen [TOEN05]. Die Zerspankraft und somit auch die Schnittenergie nehmen mit steigender Schnittgeschwindigkeit exponentiell [BRIN05] bis auf einen Minimalwert [SOEL07] ab. In diesem Zusammenhang ist eine Grenz- [TOEN05] oder Übergangsgeschwindigkeit v_{HSC} [BRIN05] definiert, ab der sich die Prozessgrößen und die Spanbildung nicht mehr signifikant verändern. Die Hochgeschwindigkeitsbearbeitung ist dadurch definiert, dass diese Grenzgeschwindigkeit überschritten wird [TOEN05].

Die Grenzgeschwindigkeit ist abhängig vom Werkstoff, der Wärmebehandlung und dem Bearbeitungsprozess [TOEN05; BACH04a; BENA03]. Sie nimmt grundsätzlich mit abnehmender Temperaturleitfähigkeit [BRIN05] und zunehmender Zugfestigkeit des Werkstoffs [TOEN05] exponentiell ab. Für einen Stahl Ck45 mit einer Zugfestigkeit von R_m = 560 N/mm² liegt sie beispielsweise bei etwa v_{HSC} = 900 m/min. Im vergüteten Werkstoffzustand mit einer Zugfestigkeit von R_m = 950 N/mm² beträgt die Grenzgeschwindigkeit weniger als v_{HSC} = 500 m/min [TOEN05]. Für übliche Zahnradwerkstoffe mit einer Zugfestigkeit von etwa R_m = 550 bis 660 N/mm² kann hieraus abgeleitet werden, dass eine HSC-Bearbeitung beim Fertigwälzfräsen ab etwa v_c = 900 m/min vorliegt.

2.5.2 Mindestspanungsdicke

Minimum Undeformed Chip Thickness

Insbesondere bei der Hochgeschwindigkeitsbearbeitung mit geringen Aufmaßen und geringen Spanungsquerschnitten ist zu beachten, dass unterhalb einer Mindestspanungsdicke keine Materialtrennung möglich ist und nur noch plastisches Verdrängen unterhalb der Schneidkante stattfindet [BRIN00]. Eine Bearbeitung im Bereich der Mindestspanungsdicke führt zu Quetsch- und Reibvorgängen mit hohen Temperaturen, stark abrasivem Verschleiß und großer Oberflächenrauheit als Folge [SCHU96].

Bei Radiuswerkzeugen wie beispielsweise Drehwerkzeugen ist die Mindestspanungsdicke besonders kritisch, da die Funktionsoberfläche im Bereich des Scheitelpunkts erzeugt wird, der gleichzeitig dem Bereich der minimalen Spanungsdicke entspricht [BRIN00]. Bei Fräsprozessen kommt hinzu, dass die Spanungsdicke bei Schneidenein- und Austritt bis auf null zurückgeht [KLOC08c]. Hier hat auch die Prozessführung als Gleich- oder Gegenlauffräsen einen entscheidenden Einfluss.

Beim Gleichlauffräsen wird die Mindestspanungsdicke bei Schneideneintritt schneller überschritten als beim Gegenlauffräsen, da das Werkzeug am dicken Ende des

Spans anschneidet. Das Werkzeug schneidet jedoch auf der erzeugten Funktionsoberfläche am dünnen Ende des Spans aus. Ähnlich wie die Gratbildung am Werkstück kommt es hier zu einer charakteristischen Materialaufschmierung, da sich das Material vor dem eigentlichen Schneideneingriff verformt und schließlich unter die Schneide gedrückt wird [LIER05].

Im Gegenlauffräsen hingegen schneidet das Werkzeug am dünnen Ende auf der späteren Funktionsoberfläche an. Hier gleitet die Werkzeugschneide vor Erreichen der Mindestspanungsdicke auf der Werkstückoberfläche entlang. Diese wird verformt und kleine Materialteilchen werden aus ihr herausgerissen, bis die Mindestspanungsdicke erreicht ist. Gleichzeitig tritt ein glättender Effekt auf. Welcher dieser Effekte überwiegt, hängt von den konkreten Bedingungen, wie Werkstoff, Schnittgeschwindigkeit, Schneidkantenradius und Spanungsdickenverlauf ab. Daher kann die Fragestellung, ob im Gleich- oder Gegenlauf die bessere Werkstückoberfläche erzeugt wird, nicht allgemeingültig beantwortet werden [LIER05].

Hinsichtlich des Betrags der erforderlichen Mindestspanungsdicke existieren unterschiedliche Aussagen. Allen gemeinsam ist allein die Tatsache, dass die Mindestspanungsdicke von der Schneidkantenverrundung abhängt [DEGN09; WANG08; LIUX06; BRIN00; SOKO55]. Nach Brinksmeier kann die Mindestspanungsdicke außerhalb der Mikrozerspanung mit einem Zehntel der Schneidkantenverrundung r_β abgeschätzt werden [BRIN00]. Für die Bearbeitung von Stahl wird von Liu ein degressiver Anstieg der Mindestspanungsdicke über der Schnittgeschwindigkeit angegeben [LIUX06]. Ältere Aussagen von Sokolowski gehen – zumindest für das Drehen – von einer Abnahme der Mindestspanungsdicke mit zunehmender Schnittgeschwindigkeit bei Werten zwischen $1{,}125 \cdot r_\beta$ und $0{,}25 \cdot r_\beta$ aus [SOKO55]. Ein weiterer Einfluss wird von Wang im Reibungskoeffizienten zwischen Werkstück und Werkzeugschneide gesehen [WANG08].

Die tatsächliche Höhe der erforderlichen Mindestspanungsdicke und der Einfluss der Schnittgeschwindigkeit hierauf können anhand der Literatur nicht eindeutig geklärt werden. Für den Prozess des Fertigwälzfräsens bei den angestrebten, hohen Schnittgeschwindigkeiten kann er jedoch von zentraler Bedeutung für das Prozessergebnis sein.

2.5.3 Werkzeuge zur Hochgeschwindigkeitsbearbeitung

Tools for High Speed Cutting

Bei der Hartfeinbearbeitung rotationssymmetrischer Flächen ist das Hartdrehen mit dem hochharten Schneidstoff PCBN etabliert [RAME05; BARB03; BARR02; POUL00; THIE00]. Auch zum Hartfräsen wird PCBN verwendet [BART08]. Hierbei liegt großes Entwicklungspotenzial in der Einstellung der stofflichen und topografischen Eigenschaften der Werkzeugoberfläche [BART08; KAMM03]. Auch bei der Bearbeitung von Bauteilen mit geringerer Festigkeit wird der Schneidstoff PCBN zunehmend interessant. Beim HSC-Fräsen von legiertem Stahl kann mit PCBN die

Schnittgeschwindigkeit gegenüber Hartmetall um das fünf- bis zehnfache gesteigert werden [BOOS08; SCHM99].

Entscheidend bei der Werkzeugpräparation für die HSC-Bearbeitung ist die Mikrogeometrie der Schneide [BART08]. Durch eine Verrundung der Schneidkante werden die Schichteigenspannungen an dieser Stelle reduziert, wodurch ein Ablösen der Schicht vermieden wird [CSEL08]. Hierzu stehen grundsätzlich die Verfahren Strahlen, Bürsten, Gleit- und Schleppschleifen zur Verfügung [RODR09; KOET06; KAMM03; FRIE02]. Durch die Kantenverrundung steigen die Zerspankräfte im Neuzustand des Werkzeugs zwar an, das Werkzeug verschleißt jedoch langsamer und die erzeugte Oberflächengüte wird positiv beeinflusst [KOET06].

Durch eine Glättung der Werkzeugoberfläche wird der Spänefluss verbessert und die Schnittkraft reduziert [NN07]. Hierzu eignen sich analog zur Kantenpräparation neben dem Mikrostrahlen das Bürsten und das Schleppschleifen [NN07; KAMM03; CSEL08]. Ein zusätzliches Polieren des Werkzeugs nach dem PVD-Beschichten vermindert den Einlaufverschleiß des Werkzeugs [KAMM03]. Auch leistungssteigernde Beschichtungen von PCBN sind mittlerweile durch Verwendung einer Haftvermittler-Zwischenschicht möglich [BART08; KRAT06a]. Wichtig bei der Werkzeugpräparation ist eine den Anforderungen der Bearbeitungsaufgabe angepasste Behandlung [DENK05]. Durch eine präzise Strahlbehandlung können beispielsweise komplizierte Werkzeuggeometrien prozesssicher verrundet werden [WEIN05].

Für das Fertigwälzfräsen deuten die Erkenntnisse aus anderen Bereichen der Hochgeschwindigkeitszerspanung darauf hin, dass die Schneidstoffe Cermet und PCBN sehr potenzialträchtig sind und ihre Anwendung untersucht werden sollte.

2.6 Fazit

Conclusion

Das Fertigwälzfräsen ist ein Verfahren zur Weichfeinbearbeitung von Verzahnungen. Im Hinblick auf die erreichbare Verzahnungsqualität bietet es das Potenzial, das Zahnradschaben zu ersetzen. Hierdurch kann auf eine separate Fertigbearbeitungsmaschine und die erforderliche Schleifmaschine zur Werkzeugaufbereitung verzichtet werden. Infolge dessen verringern sich sowohl das Investitionsvolumen für eine Fertigungslinie als auch die Rüstaufwände und Durchlaufzeiten.

In Kombination mit einer Wärmebehandlung durch Niederdruck-Aufkohlen und Hochdruck-Gasabschrecken ermöglicht das Fertigwälzfräsen eine vollständig trockene Prozesskette. Besser reproduzierbare Härteverzüge und die Vermeidung von Randoxidation während der Wärmebehandlung bringen zusätzliche Vorteile gegenüber der konventionellen Prozesskette und ermöglicht einen Vorstoß in die Qualitätsbereiche der energie- und kostenintensiven Hartfeinbearbeitung.

Eine wirtschaftliche Alternative zum Zahnradschaben kann das Fertigwälzfräsen nur darstellen, wenn eine vergleichbare Bauteilqualität mit ähnlicher oder gesteigerter Produktivität erreicht wird. Um die verfahrensbedingten Abweichungen von der idealen Topografie der Verzahnung trotz hoher Produktivität gering zu halten, muss das Verfahren daher im Hinblick auf eine große erreichbare Schnittgeschwindigkeit optimiert werden. Dies kann nur durch die Wahl eines geeigneten Werkzeugsystems und eine auf die Feinbearbeitung abgestimmte Prozessauslegung erreicht werden. Die Entkopplung der Funktionen Verzahnen und Feinbearbeitung und der Einsatz separater Schrupp- und Schlichtwälzfräser bieten die hierfür erforderlichen Freiheitsgrade bei der Gestaltung des Schlichtwerkzeugs und -prozesses.

Die derzeit für das Fertigwälzfräsen angewendeten Schnittgeschwindigkeiten liegen bereits deutlich über den für die Schruppbearbeitung üblichen Werten. Es ist jedoch nicht bekannt, wie weit die Schnittgeschwindigkeit noch gesteigert werden kann und wie ein auf maximale Leistungsfähigkeit des Fertigwälzfräswerkzeugs abgestimmtes Flankenaufmaß zu gestalten ist. Der Schnittgeschwindigkeitsbereich einer Hochgeschwindigkeitsbearbeitung, in dem Schlichtprozesse mit geometrisch bestimmter Schneide häufig wirtschaftlich ausgeführt werden, wurden in bisherigen Versuchen lediglich tangiert. Vor dem Hintergrund, dass die Schnittgeschwindigkeit unmittelbar die Produktivität des Fertigwälzfräsprozesses beeinflusst, besteht hier der dringende Bedarf nach einer eingehenden wissenschaftlichen Untersuchung.

Erkenntnisse aus der Hochgeschwindigkeitsbearbeitung zeigen, dass die Schneidstoffe Cermet und CBN für das Fertigwälzfräsen das Potenzial einer gesteigerten Produktivität durch größere Schnittgeschwindigkeiten bieten. Um diese Schneidstoffe jedoch technologisch und wirtschaftlich mit den heute für das Fertigwälzfräsen üblichen Schneidstoffen HSS und Hartmetall vergleichen zu können, muss das Leistungsvermögen aller genannten Schneidstoffe grundlegend untersucht werden.

Als Verschleißursachen werden beim Fertigwälzfräsen neben Abrasion Diffusions- und Oxidationsvorgänge erwartet. Schneidkantenausbrüche insbesondere aufgrund thermischer Zerrüttung des Schneidstoffs sind möglich, müssen aber vermieden werden, um Defekte der erzeugten Funktionsoberfläche ausschließen zu können. Gleiches gilt für das adhäsive Anhaften von Spanmaterial. Auch hier können die Schneidstoffe Cermet und PCBN aufgrund ihrer großen chemischen Beständigkeit Vorteile gegenüber den heute üblichen Schneidstoffen bringen.

Der derzeitige Stand der Wissenschaft und Technik bezogen auf das Fertigwälzfräsen kann zusammenfassend als sehr begrenzt angesehen werden. Eingehende wissenschaftliche Untersuchungen zu diesem Verfahren liegen bisher nicht vor. Insbesondere das Verschleißverhalten von Werkzeugen zum Fertigwälzfräsen im Hochgeschwindigkeitsbereich und die Auswirkungen des Werkzeugverschleißes auf das Bearbeitungsergebnis sind weitgehend ungeklärt. Jedoch existiert mit der Durchdringungsrechnung eine Möglichkeit zur geometrischen Analyse der auftretenden Spanungsgeometrien. Zusammen mit Zerspanversuchen bietet sie das Potenzial einer detaillierten Analyse des Einsatzverhaltens von Werkzeugen zum Fertigwälzfräsen unabhängig von den geometrischen Randbedingungen einer konkreten Bearbeitungsaufgabe.

3 Zielsetzung und Vorgehensweise

Objective and Modus Operandi

Die Anwendung des Fertigwälzfräsens bietet das Potenzial einer ökonomisch effizienten und ökologischen vorteilhaften, kühlschmierstofffreien Weichfeinbearbeitung von Verzahnungen. Um dieses Potenzial zu nutzen, muss eine exakte Verzahnungstopografie so effektiv wie möglich erzeugt werden. Aus dieser Anforderung ergibt sich eine zentrale Bedeutung der Schnittgeschwindigkeit, die unmittelbar in die Produktivität des Prozesses eingeht.

Eine effiziente Verzahnungsfertigbearbeitung durch Wälzfräsen kann nur erreicht werden, wenn sie von der Vorbearbeitung, bei der deutlich größere Belastungen vorliegen, als separater Schlichtschnitt entkoppelt wird. Gleichzeitig müssen ein geeignetes Werkzeugsystem und eine auf hohe Schnittgeschwindigkeiten abgestimmte Prozessauslegung gewählt werden.

Da zum Fertigwälzfräsen im Hochgeschwindigkeitsbereich bisher keine systematischen wissenschaftlichen Erkenntnisse vorliegen, kann die industrielle Fragestellung nach einer optimalen Prozessauslegung derzeit nicht mit Sicherheit beantwortet werden. Von einer vollständigen Nutzung der Potenziale des Fertigwälzfräsens kann auf dieser Basis nicht ausgegangen werden.

Das Ziel dieser Arbeit ist die Entwicklung und Verifikation einer Methode zur Vorhersage des Standzeitverhaltens und Prozessergebnisses für das Fertigwälzfräsen von Verzahnungen im Hochgeschwindigkeitsbereich. Diese Methode soll anhand eines konkreten Schneidstoff-Schicht-Systems erarbeitet werden und auf weitere Systeme übertragbar sein. Mithilfe der entwickelten Methode soll eine Optimierung der Werkzeug- und Prozessauslegung ermöglicht werden.

Die Umsetzung des Ziels ist von der Verifizierbarkeit der folgenden Forschungshypothesen abhängig:

1. *Das Verschleißverhalten eines Werkzeugs zum Fertigwälzfräsen ist auf Basis geometrischer Prozesskennwerte und der Schnittgeschwindigkeit vorhersagbar.*
2. *Änderungen des erzeugten Werkstückprofils über der Standzeit sind auf den Schneidkantenversatz in Richtung Spanfläche zurückzuführen und daher mithilfe eines Verschleißmodells prognostizierbar.*
3. *Die geometrischen Randbedingungen des Prozesses können modellbasiert so modifiziert werden, dass eine Optimierung des Verschleißverhaltens möglich wird.*

Da die Durchführung von Zerspanversuchen in einem Analogieversuch als vorteilhaft angenommen wird, basiert der Lösungsweg zusätzlich auf folgender Hypothese:

4. *Das Verschleißverhalten von Analogie-Zerspanwerkzeugen ist basierend auf geometrischen Kenngrößen auf das Fertigwälzfräsen übertragbar.*

Zur Eingrenzung des Betrachtungsraums erfolgt im ersten Schritt die Definition der Systemgrenzen für die Untersuchungen innerhalb des Systems ‚Fertigwälzfräsen'. Parameter wie der Schneidstoff, die Beschichtung und das Werkstückmaterial werden als konstant definiert. Anhand einer theoretischen Prozessanalyse des Fertigwälzfräsens wird der Betrachtungsraum des Prognosemodells hinsichtlich der relevanten Spanungsgeometrien festgelegt.

Im zweiten Schritt wird vom Fertigwälzfräsen, bei dem unterschiedliche, aber ähnliche Spanungsgeometrien auftreten, abstrahiert, indem die Bildung konstanter Spanungsgeometrien betrachtet wird. Hierzu wird ein Analogie-Zerspanversuch verwendet, der eine definierte, konstante und repräsentative Spanabnahme ermöglicht. Die Auswirkungen der lokal am Werkzeug vorliegenden geometrischen Spanungskenngrößen auf den Werkzeugverschleiß des Zerspanwerkzeugs bei unterschiedlichen Schnittgeschwindigkeiten werden analysiert. Der Einfluss der Bearbeitung bei Spanungsdicken im Bereich der in Kapitel 2.5 diskutierten Mindestspanungsdicke auf das Prozessergebnis wird so grundlegend analysiert.

Im dritten Schritt werden die Standzeitergebnisse des Analogie-Zerspanversuchs in einem Beschreibungsmodell abgebildet. Basierend auf diesem Beschreibungsmodell wird ein Prognosemodell zur Vorhersage des Verschleißverhaltens von Fertigwälzfräsern erarbeitet, bei denen von unterschiedlichen Bereichen der Schneidkante verschiedene, sich überlagernde Späne gebildet werden. Hierbei wird der absolute Standweg bei vorgegebener maximaler Verschleißmarkenbreite bestimmt. Darüber hinaus wird ein entlang der Schneidkante aufgelöster, relativer Verschleißkennwert ermittelt.

Das erarbeitete Prognosemodell wird anhand von Schlagzahn-Wälzfräsversuchen überprüft. Hierbei werden gezielt unterschiedliche Bearbeitungsparameter und Aufmaßverteilungen entlang der Schneidkante eingestellt, um die Güte der Vorhersage zu bestimmen. Basierend auf dem Prognosemodell wird darüber hinaus unter den definierten Randbedingungen einer Beispielverzahnung eine Optimierung der Prozessauslegung im Hinblick auf Wirtschaftlichkeit und Profilqualität angestrebt.

Abschließend wird das Potenzial weiterer heute für die Hochgeschwindigkeitsbearbeitung von Stahlwerkstoffen üblicher Schneidstoffe für das Fertigwälzfräsen im zuvor verwendeten Analogieversuch analysiert und dargestellt. Im Sinne einer ganzheitlichen Betrachtung der Optimierungsmöglichkeiten des Fertigwälzfräsens wird so eine erste Abschätzung des Leistungsvermögens des Prozesses abhängig vom verwendeten Schneidstoff ermöglicht.

4 Abgrenzung und Analyse des betrachteten Systems

Boundary and Analysis of the Regarded System

Der Aufbau eines Prozessmodells erfordert die Definition der Systemgrenzen, innerhalb derer das Modell Gültigkeit besitzt. Hierfür wird zunächst das System des Fertigwälzfräsens mit seinen Ein- und Ausgangsgrößen allgemein beschrieben. Im Anschluss werden die Grenzen des Betrachtungsraums festgelegt und der hieraus resultierende, relevante Betrachtungsbereich des Modells bezogen auf die zerspantechnisch relevanten Parameter dargestellt.

4.1 Das System Fertigwälzfräsen

The System Gear Finish Hobbing

Das Fertigwälzfräsen wird für diese Arbeit als die Weichfeinbearbeitung einer bereits erzeugten Verzahnung definiert. Die Ein- und Ausgangsgrößen, durch die das System beschrieben werden kann, sind in **Bild 4.1** dargestellt. Die Eingangsgrößen beschreiben Faktoren, die – zumindest theoretisch – direkt beeinflusst werden können. Diese können in die Bereiche Maschine, Maschinenumgebung, Werkstück, Werkzeug und Bearbeitungsparameter eingeteilt werden.

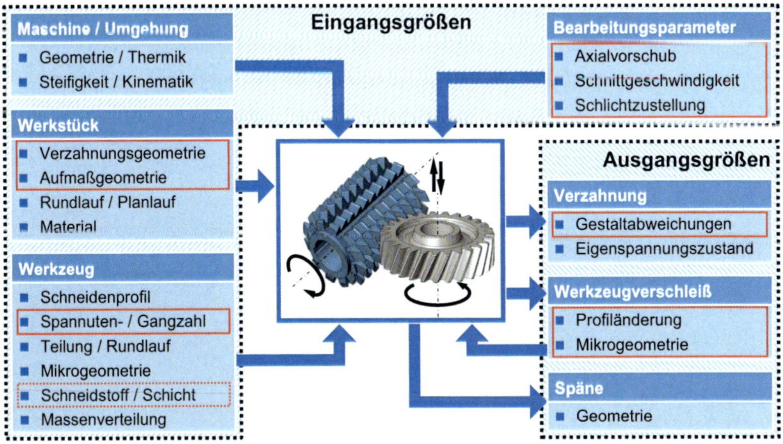

Bild 4.1: Systembeschreibung und Systemgrenzen
System description and boundary

Im Prozess selbst finden durch die Eingangsgrößen definierte Spanbildungsvorgänge statt, aus denen gemeinsam mit dem umgebenden Medium mechanische, thermische und chemische Auswirkungen auf die Ausgangsgrößen als das Ergebnis des Prozesses resultieren.

Relevante Ausgangsgrößen liegen in der erzeugten Verzahnung als dem erwünschten Prozessergebnis, im Werkzeugverschleiß und in den erzeugten Spänen. Hierbei hat der Werkzeugverschleiß insofern eine Sonderstellung, als dass die Verschleißausprägung – in Form eines Schneidkantenversatzes und der verschleißbedingt erzeugten Mikrogeometrie der Schneide – gleichzeitig auch Eingangsgröße des Prozesses ist. Sie beeinflusst die Spanbildung, die hieraus resultierende Geometrie der Späne, den weiteren Verschleißverlauf und die Gestaltabweichungen der erzeugten Verzahnung, die auch nach DIN 3962 durch die Verzahnungsqualität beschrieben werden [DIN78].

In ähnlicher Weise ergeben sich Rückkopplungen mit der Werkzeugmaschine. Im Bearbeitungsprozess wird beispielsweise thermische Energie freisetzt, die zu einer Änderung des thermischen Zustands des Werkzeugs, des Werkstücks und auch der Maschine führt, wodurch die Geometrie der Komponenten beeinflusst wird. Unter der Annahme, dass sich die Maschine, das Werkzeug und das Werkstück in einem stationären thermischen Zustand befinden, werden diese Einflüsse vernachlässigt.

Die umrahmten Eingangsgrößen in Bild 4.1 werden in dieser Arbeit variiert. Hierzu gehören die Verzahnungs- und Aufmaßgeometrie des Werkstücks, die Spannuten- und Gangzahl des Werkzeugs sowie die Bearbeitungsparameter Axialvorschub, Schnittgeschwindigkeit und Schlichtzustellung. Das Schneidstoff-Schicht-System wird grundsätzlich als konstant angenommen, in Kapitel 8 jedoch variiert, um weiteres Potenzial des Verfahrens Fertigwälzfräsen aufzeigen.

Als Ausgangsgröße des Prozesses wird zum einen die Verschleißausprägung in Form der Profiländerung und der Mikrogeometrie der Schneidkante betrachtet. Darüber hinaus werden die auftretenden Gestaltabweichungen der Verzahnung als Ausgangsgröße bewertet. Da der aus der Weichfeinbearbeitung resultierende Eigenspannungszustand nach der Gefügeumwandlung der Wärmebehandlung von untergeordneter Bedeutung ist und auch zu keinen signifikanten Härteverzügen führt [KLOC10b], werden fertigungsbedingte Eigenspannungen nicht betrachtet.

Die möglichen Verschleißausprägungen von Zerspanwerkzeugen sind bereits in Kapitel 2.4.1 dargestellt. Die an Verzahnungen auftretenden Gestaltabweichungen können auf die in DIN 4760 [DIN82] unterschiedenen sechs Ordnungen der Gestaltabweichungen von Bauteilen zurückgeführt werden. Auf eine Betrachtung der Abweichungen 5. und 6. Ordnung, die eine chemische Beeinflussung der Gitterstruktur und den Gitteraufbau des Werkstoffs beschreiben, kann innerhalb dieser Arbeit verzichtet werden. Es wird angenommen, dass die in diesem Bereich durch den Zerspanprozess entstehenden Abweichungen gegenüber der nachfolgenden thermochemischen Behandlung vernachlässigbar sind. Die verbleibenden Abweichungen sind in **Bild 4.2** dargestellt.

Gestaltabweichungen der 1. Ordnung beschreiben häufig Folgen systematischer Fehler wie Unebenheiten oder Unrundheiten, die beispielsweise durch Fehler in den Führungen der Werkzeugmaschine oder Durchbiegung entstehen können. Welligkeiten als Gestaltabweichungen 2. Ordnung sind regelmäßig, können aber nicht eindeutig systematischen oder zufälligen Einflüssen zugeordnet werden. Ursachen hierfür können beispielsweise selbst- oder fremderregte Schwingungen sein. Die Abweichungen der 3. und 4. Ordnung können unter dem Begriff der Rauheit zusammengefasst werden. Rillen als Gestaltabweichungen der 3. Ordnung treten wie die zuvor genannten Abweichungen regelmäßig auf und sind auf die Durchdringung zwischen Werkzeug und Werkstück zurückzuführen. Gestaltabweichungen 4. Ordnung treten überwiegend zufällig auf und sind beispielsweise das Ergebnis von Spanbildungsvorgängen [KLOC08c].

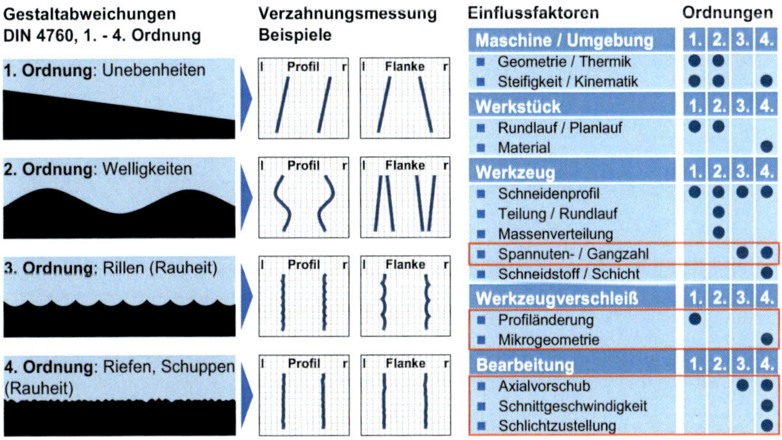

Bild 4.2: Gestaltabweichungen fertigwälzgefräster Verzahnungen
Geometrical deviations of finish hobbed gears

Eine Auflistung der wesentlichen Einflussfaktoren, die aus der Werkzeugmaschine und der Umgebung, dem Werkstück, Werkzeug, dessen Verschleiß und den Bearbeitungsparametern resultieren, sowie eine Zuordnung zu den Ordnungen der Abweichungen ist rechts im Bild dargestellt. Die beispielhaft in der Bildmitte dargestellten Verzahnungsmessschriebe vermitteln einen Eindruck möglicher Ausprägungen von Gestaltabweichungen der einzelnen Ordnungen in Messdiagrammen fertigwälzgefräster Verzahnungen.

Geometrieabweichungen des Schneidenprofils beispielsweise können zu Gestaltabweichungen 1. Ordnung in Form von Profilwinkelabweichungen führen. Eine thermische Erwärmung des Werkstücks ohne Korrektur durch die Maschinenachsen führt zu konischen Flankenlinien (1. Ordnung). Taumelfehler des Werkzeugs führen typischerweise zu einer Welligkeit des Zahnprofils (2. Ordnung). Ähnliche Effekte können sich bei einer ungleichmäßigen Massenverteilung im Werkzeug und hohen Schnittgeschwindigkeiten aufgrund von Durchbiegung des Werkzeugs einstellen.

Taumelfehler des Werkstücks sind nur im Teilungsdiagramm direkt als Welligkeit zu identifizieren und äußern sich darüber hinaus in entsprechend verkippten Flankenlinien. Gestaltabweichungen 3. Ordnung resultieren beim Fertigwälzfräsen aus systematischen Vorschubmarkierungen und Hüllschnittabweichungen, die aus dem Verhältnis der Spannuten- zur Gangzahl des Fräsers bzw. aus dem Axialvorschub in Kombination mit dem Werkzeugeingriffswinkel und -durchmesser hervorgehen. Gestaltabweichungen 4. Ordnung sind im Verzahnungsmessschrieb aufgrund der üblicherweise verwendeten Messtaster und der Filterung durch das Messgerät nur bedingt dargestellt. Um diese zu erfassen, ist eine Rauheitsmessung erforderlich.

Innerhalb dieser Arbeit werden die Auswirkungen der geometrischen Werkzeugauslegung (Spannuten- und Gangzahl) und der Bearbeitungsparameter über dem Standweg des Werkzeugs betrachtet. Auswirkungen dieser Einflussfaktoren auf die Bauteilgeometrie werden primär im Bereich der Oberflächengüte, also der Rauheit in Form von Gestaltabweichungen 3. und 4. Ordnung erwartet. Darüber hinaus kann sich der Werkzeugverschleiß auf die Verzahnungsqualität in Form einer Veränderung des Werkstückprofils (Gestaltabweichungen 1. und 2. Ordnung) auswirken.

4.2 Betrachtetes Bearbeitungsbeispiel

Examined Machining Sample

Für die in dieser Arbeit dargestellten Untersuchungen wird als Bearbeitungsbeispiel die Herstellung automobiltypischer Verzahnungen aus einem Einsatzstahl 16MnCr5 herangezogen, **Bild 4.3**. Die Bearbeitung erfolgt mit Werkzeugen aus einem Feinstkorn-Hartmetall der Anwendungsgruppe K10F, die mittels Arc-PVD-Verfahren mit einer Aluminiumchromnitrid-Schicht versehen sind.

Werkzeugdaten
Schneidstoff HW K10F
Schicht (Al,Cr)N
Schichtdicke s_{SF} = 2 µm
separater Schrupp- und Schlichtbereich

Werkstückmaterial
Einsatzstahl 16MnCr5N
Härte 165..185 HB
Zugfestigkeit R_m = 565..620 N/mm²

Werkstückgeometrie
Modul m_n = 2,56 mm
Zähnezahl z_2 = 39 (25)
Durchmesser d_{a2} = 116 (77) mm
Eingriffswinkel α_{n2} = 17,5°
Schräg.-winkel β_2 = 23 °
Breite b = 30 mm
Zahnhöhe h = 8,1 mm
keine Flankenmodifikationen

Werkzeug

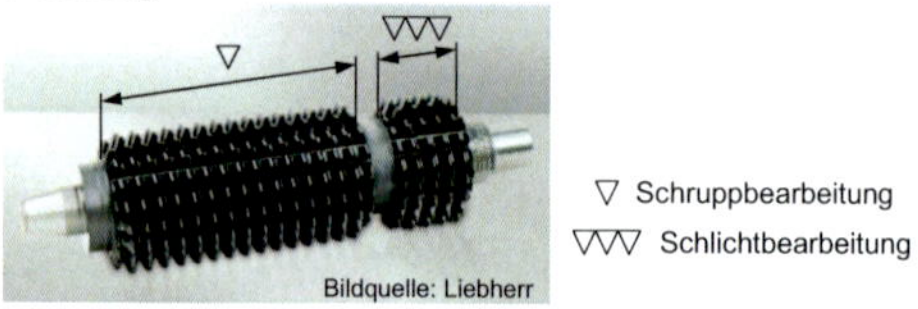

Werkstück

Aufmaßgeometrie

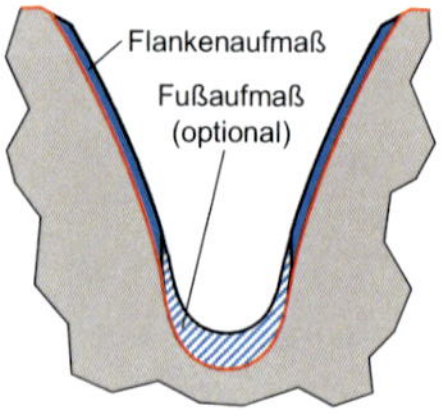

Bild 4.3: Daten des Bearbeitungsbeispiels
Data of the machining sample

Im Vergleich zu der für das Verzahnen gängigeren Hartmetallsorte K30F bietet der gewählte Schneidstoff aufgrund des geringeren Binderanteils eine größere Verschleißfestigkeit bei reduzierter Zähigkeit, die aufgrund der relativ geringen auftretenden Zerspankräfte aber noch ausreichend ist. Als Werkzeug wird ein Tandem-Wälzfräser mit separatem Schrupp- und Schlichtbereich zur Vor- und Fertigbearbeitung verwendet (vgl. Kapitel 2.3), wobei lediglich der Schlichtbearbeitungsprozess untersucht wird.

Die Fertigbearbeitung mit einem eigenen Schlichtbereich des Werkzeugs ermöglicht die Auslegung der Fertigbearbeitung als reine Zahnflankenbearbeitung. Dieser Fall wird hier primär analysiert. Die Bearbeitung des Zahnfußes wird als Option berücksichtigt. Um den Einfluss der Krümmung der Evolvente abhängig vom Grundkreisdurchmesser des Werkstücks zu berücksichtigen, wird neben einem Standard-Werkstück mit einer Zähnezahl von $z_2 = 39$ eine Variante mit $z_2 = 25$ definiert.

Basierend auf den dargestellten Daten und den Genauigkeitsanforderungen an die Verzahnung kann eine Werkzeug- und Prozessauslegung vorgenommen werden. Im Folgenden werden die Auswirkungen der Auslegung auf die zu erwartenden Gestaltabweichungen 3. Ordnung in Form von Vorschubmarkierungen und Hüllschnittabweichungen und den Zerspanprozess dargestellt, um den erforderlichen Betrachtungsraum des Prozessmodells eingrenzen zu können.

4.2.1 Werkzeug- und Prozessauslegung auf Basis von Topografieanforderungen

Tool and Process Design based on Topographical Requirements

In Kapitel 2.2.2 ist der analytische Zusammenhang zwischen den geometrischen Werkzeug- und Prozessdaten und der erzeugten Zahnflankentopografie dargestellt. Diese Zusammenhänge sind in **Bild 4.4** für das in dieser Arbeit betrachtete Bearbeitungsbeispiel quantifiziert wiedergegeben.

Eine weitere mögliche Einflussnahme ergibt sich aus einer Modifikation des Werkzeugeingriffswinkels α_{n0} bei entsprechend angepasstem Werkzeugmodul m_{n0}. Ein verkleinerter Eingriffswinkel führt zu einer geringeren Krümmung der Werkzeughüllfläche und ermöglicht daher bei konstanter Vorschubmarkierungstiefe eine Steigerung des Axialvorschubs. Bei $\alpha_{n0} = 10°$ anstelle von 17,5° ist bei gleichem Axialvorschub die entstehende Vorschubmarkierungstiefe etwa 40 % geringer. Allerdings verringert sich durch diese Modifikation bei konstantem Freiwinkel am Zahnkopf des Werkzeugs der an den Zahnflanken vorliegende Freiwinkel im selben Verhältnis. Da dies signifikante Auswirkungen auf den Zerspanprozess haben kann, die für die in dieser Arbeit angestrebte Modellbildung ausgeschlossen sind, wird diese Option im Folgenden nicht weiter verfolgt.

Für die weiteren Untersuchungen wird ein Referenzprozess definiert, von dem ausgehend Variationen vorgenommen werden können. Für den Referenzprozess werden ein Werkzeug-Außendurchmesser von $d_{a0} = 80$ mm und eine Vorschubmarkierungstiefe von weniger als $\delta_x = 1{,}1$ µm festgelegt. Hieraus ergibt sich ein maximaler Axialvorschub von $f_a = 1{,}0$ mm.

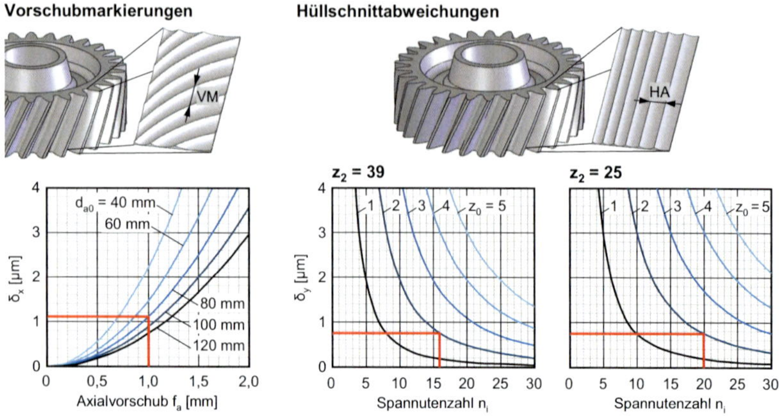

Bild 4.4: Theoretischer Zusammenhang zwischen Werkzeug-, Prozessauslegung und Oberflächentopografie der Zahnflanken

Theoretical interrelation between tool design, process design and surface topography of the gear flanks

Die Höhe der Hüllschnittabweichungen δ_y ist für eine konkrete Verzahnung in der in Bild 4.4 dargestellten Weise von der Spannuten- und Gangzahl des Werkzeugs abhängig (vgl. Formel 2.9). Für den Referenzprozess werden Hüllschnittabweichungen in Höhe von δ_y = 0,8 µm zugelassen. Für die Standard-Verzahnung mit z_2 = 39 Zähnen kann diese mit einer minimalen Spannutenzahl von n_i = 8 erreicht werden. Hierbei ist der Wälzfräser eingängig ausgelegt. Eine industriell übliche Werkzeugauslegung bei gleicher effektiver Spannutenzahl wird mit einem zweigängigen Werkzeug und n_i = 16 Spannuten erreicht.

Die reduzierte Zähnezahl (z_2 = 25) erfordert aufgrund der größeren Krümmung der Evolvente eine erhöhte effektive Spannutenzahl von $n_{i,eff}$ = 10. Ein zweigängiges Werkzeug mit n_i = 20 Spannuten ist hierfür verwendbar.

An dieser Stelle ist anzumerken, dass der dargestellte theoretische Zusammenhang eine ideale Wälzfräsergeometrie voraussetzt. Geometriefehler des Werkzeugs, wie beispielsweise Teilungsfehler zwischen den einzelnen Frässergängen oder Steigungsfehler, führen zu zusätzlichen Geometrieabweichungen in der Verzahnung, die individuell berücksichtigt werden müssen. Innerhalb der theoretischen Betrachtungen dieser Arbeit wird jedoch von einer idealen Werkzeuggeometrie ausgegangen.

4.2.2 Geometrische Analyse der auftretenden Spanungsgeometrien

Geometrical Analysis of the Occurring Undeformed Chip Geometries

Um den technologischen Zielbereich im Hinblick auf die zu betrachtenden Spanungsgeometrien zu definieren, wird im Folgenden die Bearbeitung der ausgewählten Beispielverzahnungen geometrisch analysiert. Hierzu wird die in Kapitel 2.4.2 vorgestellte Software SPARTApro verwendet. Die am Werkzeug vorliegenden geometrischen Größen Span- und Freiwinkel sind entlang der Zahnflanken annähernd konstant, sodass hier auf die Spanungsgeometrien fokussiert werden kann.

Zahnfußbearbeitung

Bild 4.5 zeigt die Ergebnisse einer geometrischen Zerspansimulation der in Kapitel 4.2.1 dargestellten Werkzeug- und Prozessauslegung für das Werkstück mit $z_2 = 39$ Zähnen. Sowohl die Schlichtbearbeitung des gesamten Zahnprofils einschließlich des Zahnfußes (mit ZFB) als auch die ausschließliche Schlichtbearbeitung der Zahnflanken (ohne ZFB) sind dargestellt.

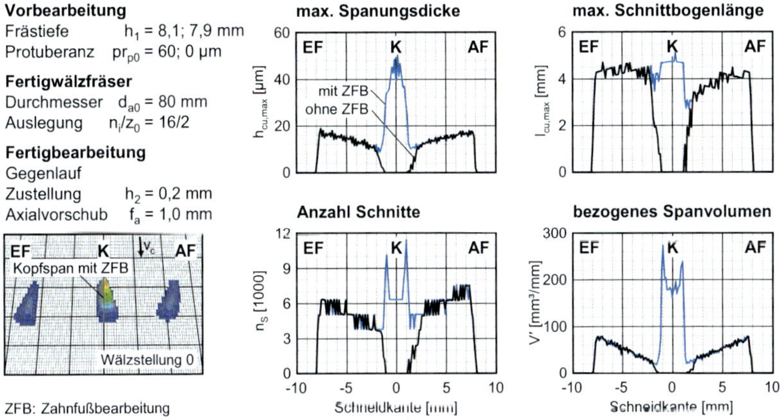

Bild 4.5: Fertigbearbeitung mit und ohne Zahnfuß

Finish machining with and without tooth root

Um eine ausschließliche Zahnflankenbearbeitung zu erreichen, verfügt das Vorverzahnwerkzeug in den hier betrachteten Fällen über eine größere Kopfhöhe sowie eine Protuberanz, deren Betrag dem Zahnflankenaufmaß entspricht. Im betrachteten Fall liegt eine industriell übliche radiale Schlichtzustellung von $h_2 = 0{,}2$ mm vor. Hieraus resultiert senkrecht zur Zahnflanke ein Aufmaß von $a_F \approx 60$ µm (vgl. Formel 2.10). Entsprechend beträgt auch der Protuberanzbetrag $pr_{p0} = 60$ µm. Das theoretische Aufmaß im Zahnfuß beträgt also exakt $a_R = 0$ mm. Auf die Berücksichtigung von Aufmaßschwankungen, die beispielsweise aus Vorschubmarkierungen der Vorbearbeitung resultieren, wird an dieser Stelle verzichtet. Auch in den späteren Zerspanversuchen werden sie aus Gründen der Vergleichbarkeit auf ein Minimum reduziert.

Zunächst wird die ausschließliche Zahnflankenbearbeitung (ohne ZFB) diskutiert. Die über der Schneidkante dargestellte, maximale Spanungsdicke zeigt, dass die größten Werte von etwa $h_{cu,max} = 18$ µm jeweils im Bereich des Zahnfußes des Fräserzahns vorliegen. Zum Zahnkopf (K) hin ist dieser Wert jeweils um etwa 30 % geringer. Die maximale Schnittbogenlänge ist mit etwa $l_{cu,max} = 4{,}5$ mm entlang der einlaufenden Flanke nahezu konstant. Entlang der auslaufenden Werkzeugflanke nimmt sie zum Zahnkopf hin etwa 30 % ab. Analog zur maximalen Spanungsdicke zeigt die Verteilung der Anzahl an Schnitten, die zur Herstellung einer vollständigen Verzahnung von den einzelnen Schneidkantenbereichen vollzogen werden, zum Zahnfuß des Fräserzahns hin tendenziell größere Werte von bis zu etwa n_S = 7.500.

Ein noch extremeres Gefälle zum Zahnkopf hin zeigt das auf die Schneidkantenlänge bezogene Zerspanungsvolumen V′ je Werkstück mit einer Differenz von mehr als 60 %. Diese unterschiedliche Volumenverteilung trotz konstanten äquidistanten Zahnflankenaufmaßes kann mit der Abwälzbewegung zwischen dem Bezugsprofil des Wälzfräsers und der Zahnflanke entsprechend Bild 2.1 erklärt werden.

Vom Wälzpunkt C_0 aus in Richtung Zahnfuß des Werkzeugs findet eine Gleitbewegung der Zahnflanke zum Berührpunkt (der Zerspanstelle) zwischen Wälzfräser und Zahnflanke hin statt, die dazu führt, dass sich das zu zerspanende Materialvolumen in diesem Bereich vergrößert. Diese Gleitbewegung kehrt sich am Wälzpunkt, an dem reines Abrollen der Verzahnung am Bezugsprofil stattfindet, um, sodass unterhalb des Wälzpunkts das Zerspanvolumen entsprechend verringert wird.

Wird die Verzahnung mit dem gleichen Werkzeugprofil vor- und fertigbearbeitet, so ergibt sich im Zahnfuß des Werkstücks die vollständige radiale Zustellung – und damit das 3,3-fache des Zahnflankenaufmaßes – als Aufmaß (vgl. Formel 2.10). Daher liegt die maximal auftretende Spanungsdicke am Kopf des Werkzeugs mit etwa $h_{cu,max}$ = 50 µm gegenüber etwa 18 µm an der Zahnflanke vor. Aufgrund der rein radialen Zustellung des Werkzeugs in die bereits vorbearbeitete Verzahnung unterscheidet sich die maximale Schnittbogenlänge am Zahnkopf nicht signifikant von den an den Flanken vorliegenden Werten.

Das Maximum des auf die Schneidkantenlänge bezogenen Spanvolumens beträgt mit V'_K = 270 mm³/mm etwa das Dreifache des maximalen Spanvolumens an der Flanke. Dieser bzw. ein etwas geringerer Wert liegt an beiden Übergängen der Zahnflanke zur Kopfrundung hin vor. Dieselben Schneidkantenabschnitte weisen auch eine deutlich größere Anzahl an Schnitten auf als die restliche Schneidkante. Zusammen mit der großen Kopfspanungsdicke lassen diese Kennwerte darauf schließen, dass der Kopfbereich erheblich stärker belastet ist, als die geraden Zahnflanken.

Die beispielhaft für Wälzstellung 0 (Maschinenmitte) dargestellten Durchdringungsverhältnisse links unten im Bild zeigen, dass zumeist voneinander unabhängige Späne an den Zahnflanken und am Zahnkopf gebildet werden. Mehrflankige Späne, die bei der Vorbearbeitung üblich sind und zusätzlich zu der ohnehin großen Belastung des Zahnkopfs zu Spanablaufbehinderungen führen können, treten bei der Schlichtbearbeitung nicht auf.

Bearbeitungsrichtung

Grundsätzlich besteht bei nahezu allen Fräsoperationen die Möglichkeit der Prozessführung im Gleichlauf oder im Gegenlauf. Die Wahl der Bearbeitungsrichtung wirkt sich insofern auf die Spanbildung aus, als dass im Gleichlauf die größte Spanungsdicke kurz nach Beginn des Schneideneingriffs vorliegt, während im Gegenlauf der Spanungsdickegradient zu Beginn des Schneideneingriffs geringer ist (vgl. Kapitel 2.5.2). In Bild 4.5 wurde eine Bearbeitung im Gegenlauf betrachtet. Der Einfluss der Bearbeitungsrichtung auf die Spanungskenngrößen beim Fertigwälzfräsen ist, wie in **Bild 4.6** dargestellt, relativ gering.

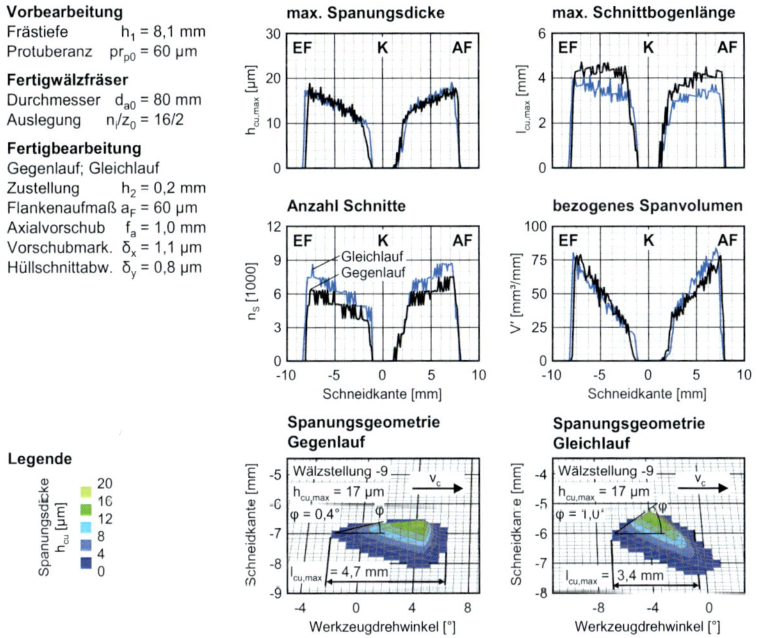

Bild 4.6: Fertigbearbeitung als Gleich- und Gegenlaufprozess

Finish machining as climb and conventional cutting process

Die Verteilung der maximalen Spanungsdicke und des bezogenen Spanvolumens ist nahezu identisch. Tendenziell wird die maximale Schnittbogenlänge, die sich auf die thermische Belastung der Schneidkante auswirkt, beim Wechsel vom Gegen- in den Gleichlauf um etwa 20 % reduziert. Im Gegenzug steigt die Anzahl der Schnitte je Schneidkantenabschnitt um etwa denselben Wert, wodurch die Anzahl der Lastwechsel der einzelnen Schneidkantenabschnitte entsprechend vergrößert wird.

Die unten im Bild beispielhaft dargestellten Spanungsgeometrien liefern eine Erklärung für die Unterschiede der Kenngrößen. Hierbei ist die Spanungsdicke dreidimensional überhöht über der abgewickelten Schneidkante und dem Werkzeugdrehwinkel dargestellt. Der Werkzeugdrehwinkel ist in der Position, in der die Zustellachse der Maschine in Richtung der Spanfläche zeigt, als 0° definiert.

Die im Gegenlauf erzeugte Spanungsgeometrie ist relativ stark in Schnittrichtung orientiert, während die im Gleichlauf auftretende Spanungsgeometrie diagonal dazu ausgerichtet ist. Bei nahezu gleicher Gesamtlänge der Späne ist daher die maximale Schnittbogenlänge an einem Schneidenpunkt im Gleichlauf in diesem Beispiel um etwa $\Delta l_{cu,max}$ = 1,3 mm geringer. Dafür ist aufgrund der diagonalen Ausrichtung des Spans der zur Herstellung des Spans erforderliche Teil der Schneidkante breiter, weshalb die Anzahl der Schneideneingriffe im Gleichlauf größer ist.

Die Spanungsgeometrien zeigen ebenfalls die unterschiedliche Spanbildung im Gleich- und Gegenlauf bezogen auf den Spanungsdickenverlauf. Im Gegenlauf nimmt die Spanungsdicke im Bereich des Erstkontakts zwischen Schneide und Werkstück mit einem Anschnittwinkel von nur $\varphi = 0{,}4°$ zu, während der Winkel im Gleichlauf etwa $\varphi = 1{,}0°$ beträgt. Im Vergleich dazu erreichen typische Anschnittwinkel bei vergleichbaren Verzahnprozessen im Gleichlauf an den Zahnflanken deutlich größere Werte von bis zu $\varphi = 14°$ [WINK05a.]

Die endgültige Profilierung des Werkstücks wird jeweils um den Werkzeugdrehwinkel von 0° erzeugt. Wie in Kapitel 2.5.2 dargestellt ist, wird im Gegenlauf die endgültige Oberfläche jedoch bei Schnittbeginn und im Gleichlauf bei Schnittende hergestellt. Entsprechend dem Abwälzvorgang zwischen Bezugsprofil und Werkstück ist bei beiden Bearbeitungsrichtungen in derselben Wälzstellung derselbe Bereich der Schneidkante an der Profilierung des Werkstücks beteiligt (hier der Bereich um Schneidkantenposition -7 mm). Welche Bearbeitungsvariante für das Fertigwälzfräsen auch in Bezug auf die erzeugte Oberflächengüte der Verzahnung günstiger ist, kann basierend auf den dargestellten geometrischen Betrachtungen und den im Stand der Wissenschaft und Technik dargestellten Erkenntnissen zur Hochgeschwindigkeitsbearbeitung (vgl. Kapitel 2.5) nicht vorhergesagt werden. Daher werden im Folgenden beide Varianten berücksichtigt.

Axialvorschub und Zahnflankenaufmaß

Wesentliche Einflüsse auf die Spanungsgeometrien ergeben sich aus dem Axialvorschub und dem Zahnflankenaufmaß, welches aus dem für die Feinbearbeitung verbleibenden Schlichtaufmaß resultiert. Während sich der Axialvorschub gleichzeitig auf die erzeugte Oberflächentopografie auswirkt, kann die Schlichtzustellung weitgehend frei gewählt werden.

Da die einzelnen Kennwerte entlang der abgewickelten Schneidkante für Variationen dieser Parameter ähnlich verlaufen, sind im Folgenden jeweils die Maximalwerte der Kennwerte über dem aktiven Bereich der Schneidkante dargestellt. **Bild 4.7** zeigt exemplarisch Kennwerte für eine Variation des Axialvorschubs bei unterschiedlichen Schlichtzustellungen für die Bearbeitung im Gegenlauf.

Eine Verringerung der Schlichtzustellung gegenüber dem Ausgangswert von h_2 = 0,2 mm führt zu einer Reduzierung aller dargestellten Kenngrößen. Während das bezogene Spanvolumen nahezu linear von der Schlichtzustellung abhängt, die direkt das gesamte Zerspanvolumen beeinflusst, ist die Beeinflussung der anderen

Parameter geringer. Dies ist dadurch zu begründen, dass die Dicke und Länge der Spanungsgeometrie für eine Position der Schneidkante sowie die Anzahl der Späne jeweils linear in das bezogene Spanungsvolumen eingehen. Bei einer Halbierung des Spanungsvolumens ändern sie sich daher im Mittel mit der dritten Wurzel, werden also um einen Faktor von etwa 0,2 verringert.

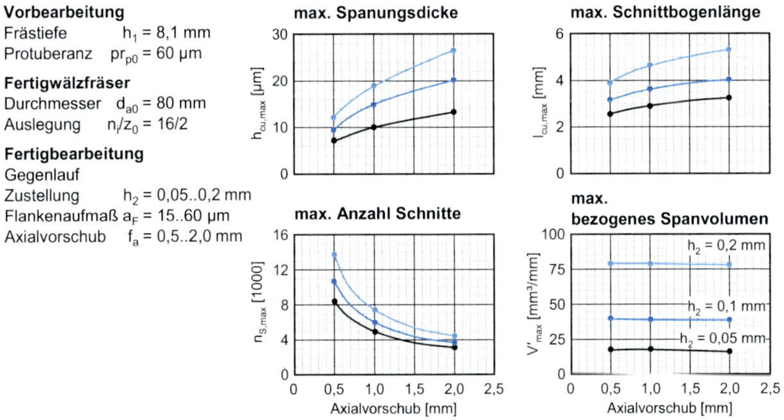

Bild 4.7: Variation des Axialvorschubs bei unterschiedlichen Schlichtzustellungen
Variation of the axial feed at different radial infeeds

Eine Veränderung des Axialvorschubs wirkt sich direkt linear auf das Volumen der einzelnen Spanungsgeometrien aus, beeinflusst abgesehen von dem ansteigenden Volumen der Vorschubmarkierung jedoch nicht das gesamte bezogene Spanungsvolumen. Die maximale Spanungsdicke und Schnittbogenlänge steigen degressiv mit zunehmendem Axialvorschub. Die Beeinflussung der maximalen Schnittbogenlänge ist jedoch geringer als die der maximalen Spanungsdicke. Die Anzahl an Schnitten nimmt aufgrund der erforderlichen Konstanz des Gesamtvolumens degressiv ab.

Insgesamt kann die Belastung der Schneide theoretisch gesehen insbesondere durch eine Reduzierung der Schlichtzustellung verringert werden. Da die Schlichtzustellung keine Auswirkungen auf die theoretisch erzeugte Oberflächentopografie des Werkstücks hat, kann diese im Hinblick auf günstiges Standzeitverhalten und eine hohe Oberflächengüte optimiert werden.

Die Variation des Axialvorschubs verschiebt das Verhältnis zwischen der Belastung durch den einzelnen Span und der Schnitthäufigkeit. Zudem kann der Axialvorschub nicht beliebig gewählt werden, da er einerseits direkt die Oberflächentopografie des Werkstücks und andererseits die Produktivität des Prozesses beeinflusst. Fraglich ist, inwieweit sehr geringe Spanungsdicken zu erhöhter Reibung am Werkzeug aufgrund einer möglichen Unterschreitung der Mindestspanungsdicke führen (vgl. Kapitel 2.5.2). Als sichtbare Folgen zu geringer Spanungsdicken sind stark ansteigender

Freiflächenverschleiß des Werkzeugs und eine schlechte erzeugte Werkstückoberfläche zu erwarten.

Neben der Prozessauslegung bietet die Werkzeuggestaltung Möglichkeiten zur Beeinflussung der Spanungsgeometrien. Bild 4.4 zeigt die Auswirkungen von Modifikationen der Werkzeugauslegung. Die Schlichtzustellung als zentrale, frei variierbare Stellgröße wird hierbei mit betrachtet, **Bild 4.8**.

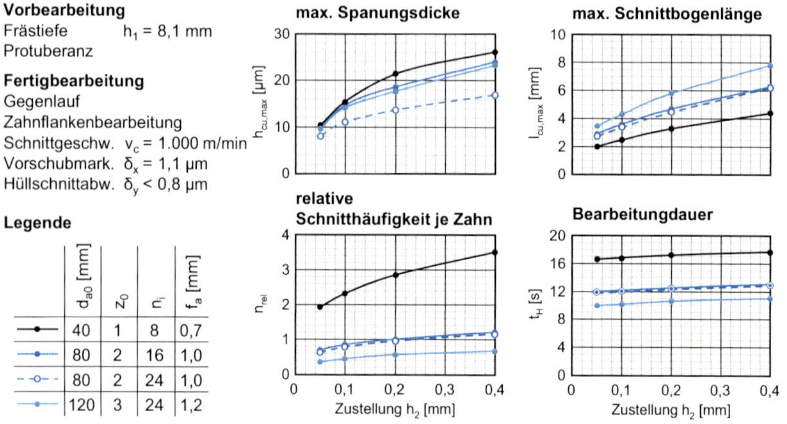

Bild 4.8: Variation der Schlichtzustellung bei unterschiedlichen Werkzeugauslegungen

Variation of the radial infeed at different tool designs

Für diese Einflussanalyse werden drei Werkzeugauslegungen mit den Durchmessern d_{a0} = 40; 80 und 120 mm betrachtet. Die Verhältnisse d_{a0}/z_0 und n_i/z_0 sind dabei konstant. Der Axialvorschub f_a ist im Hinblick auf eine konstante Vorschubmarkierungstiefe angepasst. Zusätzlich wird ein weiteres Werkzeug mit erhöhter Spannutenzahl n_i betrachtet (gestrichelte Linie), das somit eine reduzierte Höhe der Hüllschnittabweichungen erzeugt. Die Schlichtzustellung wird zwischen h_2 = 0,05 und 0,4 mm variiert, was einem Flankenaufmaß von a_F =15 bis 120 µm entspricht.

Die maximale Spanungsdicke steigt insbesondere bei großer Schlichtzustellung bei der Wahl eines kleineren Werkzeugdurchmessers an. Im Gegensatz dazu führt eine Erhöhung der Spannutenzahl zu einer deutlichen Abnahme dieses Kennwerts. Auf die Schnittbogenlänge hat die Spannutenzahl hingegen keinen Einfluss. Diese nimmt erwartungsgemäß mit vergrößertem Werkzeugdurchmesser ebenso wie mit steigender Schlichtzustellung zu.

Die im Bild dargestellte relative Schnitthäufigkeit je Zahn n_{rel} beschreibt, wie häufig jeder Zahn eines geshifteten Werkzeugs in Relation zu anderen Werkzeugauslegungen bei der Herstellung eines Werkstücks in Eingriff kommt. Als Basis dient hierbei die bereits oben betrachtete Referenzauslegung (vgl. Bild 4.5) mit der relativen

Schnitthäufigkeit $n_{rel} = 1$. Aufgrund der geringeren Spannutenzahl bildet eine Schneide des Werkzeugs mit reduzierter Spannuten- und Gangzahl bei der Bearbeitung eines Werkstücks mehr Späne als die Schneide eines Werkzeugs mit größerer Spannuten- und Gangzahl. Entsprechend ist die zu erwartende Gesamt-Standlänge des Werkzeugs geringer. Die ausschließliche Erhöhung der Spannutenzahl ohne Anpassung der Gangzahl hingegen zeigt nahezu keine Auswirkungen auf die relative Schnitthäufigkeit und bietet somit bezogen auf diesen Kennwert keine Entlastung der Werkzeugzähne gegenüber einem Werkzeug mit weniger Spannuten. Die Anzahl möglicher Werkzeugaufbereitungszyklen wird jedoch aufgrund der zusätzlich eingebrachten Spannuten verringert.

Die dargestellte Bearbeitungsdauer t_H bezieht sich auf eine angenommene Schnittgeschwindigkeit von $v_c = 1.000$ m/min. Sie ist primär vom Werkzeugdurchmesser, d. h. vom zulässigen Axialvorschub abhängig. So kann eine Halbierung des Werkzeugdurchmessers zu einer Steigerung der Bearbeitungsdauer um etwa 40 % führen. Die Schlichtzustellung beeinflusst zusätzlich den Einlaufweg, sodass die Bearbeitungsdauer mit zunehmender Schlichtzustellung geringfügig ansteigt. Die Spannutenzahl hat keinen Einfluss auf die Bearbeitungsdauer.

Zusammenfassend kann auch hier festgehalten werden, dass die Schlichtzustellung eine wichtige Stellgröße ist und – ausgehend von der Referenzbearbeitung – einerseits eine Minimierung der maximalen Schnittbogenlänge und andererseits eine Reduzierung der relativen Schnitthäufigkeit ermöglicht. Eine Vergrößerung der Spannutenzahl des Werkzeugs führt technologisch gesehen im Wesentlichen zu reduzierten Spanungsdicken mit der Gefahr einer permanenten Bearbeitung unterhalb der Mindestspanungsdicke.

Die Wahl eines kleinen Fräserdurchmessers führt zu einer Reduzierung der Schnittbogenlänge und somit aufgrund der reduzierten thermischen Belastung der Schneide möglicherweise zur wirtschaftlichen Anwendung größerer Schnittgeschwindigkeiten. Einerseits ist jedoch fraglich, ob die reduzierte Schnittbogenlänge entsprechende Schnittgeschwindigkeitssteigerungen von etwa 40 % ermöglicht, andererseits muss die erforderliche Spindeldrehzahl von beispielsweise $n_S = 11.000\ \text{min}^{-1}$ bei $v_c = 1.400$ m/min zur praktischen Umsetzung dieser Schnittdaten auch von der Bearbeitungsmaschine realisiert werden.

Zähnezahl des Werkstücks

Die Zähnezahl des Werkstücks hat einen erheblichen Einfluss auf die Krümmung der Evolvente (vgl. Kapitel 2.1.1) und, wie in Bild 4.4 dargestellt, auch auf die Werkzeugauslegung bei vorgegebener Oberflächentopografie. Entsprechend ist auch eine Beeinflussung der Spanbildung bei der Generierung der Evolvente zu erwarten. Um diese zu ermitteln, sind in **Bild 4.9** die bereits zuvor betrachteten Spanungskenngrößen für die Bearbeitung beider Werkstücke dargestellt. Zur Verdeutlichung der Tendenzen ist zusätzlich die Bearbeitung eines Werkstücks mit $z_2 = 200$ Zähnen mit einem Werkzeug mit einem Verhältnis der Spanuten- zur Gangzahl von n_i/z_2 = 3,5 dargestellt.

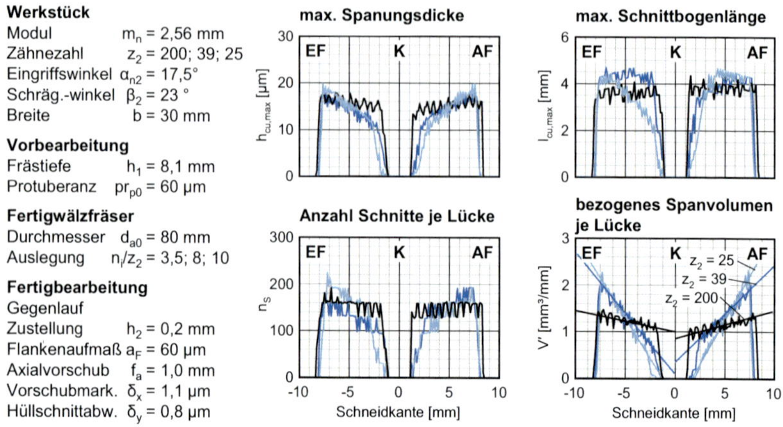

Bild 4.9: Fertigbearbeitung bei unterschiedlichen Werkstückzähnezahlen
Finish machining at different numbers of workpiece teeth

Das Bild zeigt, dass die dargestellten Kennwerte im Mittel weitgehend unabhängig von der Zähnezahl sind. Hierbei ist anzumerken, dass der Kennwert des bezogenen Spanvolumens hier zur besseren Vergleichbarkeit für die Bearbeitung einer Werkstück-Lücke anstelle des gesamten Werkstücks ermittelt wurde. In der Tendenz wird das oben beschriebene Gefälle der Kennwerte vom Zahnfuß zum Zahnkopf bei geringerer Werkstückzähnezahl größer. Insbesondere der Kennwert des bezogenen Spanvolumens weist bei geringerer Zähnezahl einen größeren Gradienten auf, was auf die eingangs des Kapitels beschriebenen, unterschiedlichen Gleitgeschwindigkeiten entlang des Zahnprofils zurückzuführen ist. Entsprechend vergrößert sich der Unterschied in der Belastung der einzelnen Schneidkantenbereiche bei reduzierter Zähnezahl. Für sehr große Zähnezahl hingegen ist zu erwarten, dass sich die Belastung entlang der Profilhöhe angleicht.

4.3 Fazit

Conclusion

Das System Fertigwälzfräsen verfügt über eine Reihe von Eingangsgrößen, die allesamt Einfluss auf die Spanbildung und somit auf den Werkzeugverschleiß und die hergestellte Verzahnung als Ausgangsgrößen des Prozesses nehmen. Der Werkzeugverschleiß ist hierbei gleichzeitig auch Eingangsgröße, da er sich seinerseits auf die Spanbildung und die erzeugte Werkstückgeometrie auswirkt. Ein Prozessmodell muss einen Zusammenhang zwischen den Eingangsgrößen des Prozesses als Faktoren des Modells und den Ausgangsgrößen als Zielgrößen herstellen. Daher steht die Spanbildung im Zentrum der Betrachtungen, auf die sich das Modell stützen soll. Der erste Schritt hierzu ist die Analyse der auftretenden Spanungsgeometrien.

Unabhängig von der Prozessauslegung des Fertigwälzfräsens sind die auftretenden Spanungsgeometrien für einen Punkt der Schneide durch die Parameter Spanungsdicke und Schnittbogenlänge als primäre Merkmale charakterisiert. Hinzu kommt der Anschnittwinkel, der von der Bearbeitung im Gleich- oder Gegenlauf abhängt. Die wesentlichen Einflüsse auf die Spanungsdicke und Schnittbogenlänge liegen werkzeugseitig in der effektiven Spannutenzahl und dem Durchmesser. Prozessseitig können der Axialvorschub und die Schlichtzustellung eingestellt werden. Hierbei ist die Schlichtzustellung der einzige Faktor, der sich nicht direkt auf die Oberflächentopografie der Zahnflanke auswirkt. Somit ist sie bei vorgegebener Hüllschnittstruktur von großem technologischem Interesse.

Bei der Zahnflankenbearbeitung der beispielhaft ausgewählten Verzahnung mit unterschiedlichen Topografieanforderungen, Werkzeug- und Prozessauslegungen treten entlang der Werkzeugschneide maximale Spanungsdicken zwischen etwa $h_{cu,max}$ = 8 µm und 25 µm auf. Die minimale Spanungsdicke geht dabei für jeden Punkt der Schneidkante gegen null. Die maximal auftretenden Schnittbogenlängen variieren in einem Bereich von etwa $l_{cu,max}$ = 2 mm bis 8 mm. Diese Werte stellen den relevanten Bereich der beim Fertigwälzfräsen im Automotive-Bereich auftretenden Spanungsgeometrien dar und werden im Folgenden berücksichtigt.

Um ein empirisches Verschleißmodell aufbauen zu können, müssen Spanungsgeometrien mit gezielt eingestellter Länge und Dicke erzeugt werden, sodass deren Einfluss auf den Werkzeugverschleiß analysiert werden kann. Hierzu bietet sich ein Analogieversuch an.

5 Untersuchung der Spanbildung im Analogie-Zerspanversuch

Analysis of Chip Forming in an Analogy Cutting Test

Der für das Fertigwälzfräsen in Kapitel 4 als relevant ermittelte Bereich der Spanungsgeometrien wird in diesem Kapitel anhand von Grundlagenuntersuchungen mithilfe eines Analogie-Zerspanversuchs näher betrachtet. Basierend auf den Versuchsergebnissen wird in Kapitel 6 ein Verschleißmodell aufgestellt, welches in Kapitel 7 auf das Fertigwälzfräsen übertragen wird.

Im Gegensatz zum Fertigwälzfräsen im Schlagzahnversuch ermöglicht der im Folgenden näher erläuterte Analogieversuch die Untersuchung des Werkzeugverschleißes bei der Bearbeitung mit konstanter Spanungsgeometrie. Eine Überlagerung unterschiedlicher Werkzeugbelastungen, die aus der Bildung verschiedener Späne an derselben Schneidkante resultiert, kann so ausgeschlossen werden.

Basierend auf den theoretischen Untersuchungen aus Kapitel 4 wird für den weiteren Verlauf der Untersuchungen Forschungshypothese 1 (vgl. Kapitel 3) konkretisiert:

Die Entwicklung des Werkzeugverschleißes über der Standzeit kann für das Fertigwälzfräsen und den Analogieversuch unter definierten Randbedingungen durch eine Abhängigkeit von den geometrischen Parametern Spanungsdicke und Schnittbogenlänge sowie der Schnittgeschwindigkeit charakterisiert werden.

Als Randbedingung ist die Konstanz des zu bearbeitenden Werkstoffs und des Werkzeugsystems, bestehend aus dem Schneidstoff und der Schneidkantenpräparation, erforderlich. Entsprechend werden in diesem Kapitel die genannten Parameter Spanungsdicke, Schnittbogenlänge und Schnittgeschwindigkeit systematisch variiert, um eine geeignete Datenbasis für ein Verschleißmodell des in Kapitel 4 definierten Werkzeugsystems zu erhalten. Zusätzlich zum Standzeitverhalten der Werkzeuge, das für die Bildung eines Verschleißmodells relevant ist, wird aufgrund der Relevanz für das Fertigwälzfräsen auch die erzeugte Oberflächengüte dokumentiert.

5.1 Analogie-Zerspanversuch zur Zahnflankenbearbeitung

Analogy Cutting Test for Gear Flank Machining

Für die angestrebten Grundlagenuntersuchungen zum Fertigwälzfräsen wird ein Analogie-Zerspanversuch eingesetzt, der bereits erfolgreich für Untersuchungen zum Schälwälzfräsen verwendet wurde, vgl. Kapitel 2.2.3 [KLOC03; VUEL98; KOEN95; KAIS92; KOEN92; KOEN89]. Dieser Versuch entspricht im Wesentlichen einem Einschneiden-Drehfräsprozess. **Bild 5.1** zeigt die Ableitung des Analogie-Zerspanversuchs von der Zahnflankenbearbeitung beim Wälzfräsen. Anstelle der Zahnflanke wird ein zylindrisches Analogiewerkstück mit einem Radius r_{WS}, der beispielsweise dem Krümmungsradius ρ einer Referenzverzahnung am Teilkreis entspricht, mit einer Wendeschneidplatte bearbeitet. Die Wendeschneidplatte ist gegenüber der Normalen der Werkzeugdrehachse analog zum Eingriffswinkel α_n der Flanke des Wälzfräserzahns um einen Winkel α_{AWZ} geneigt.

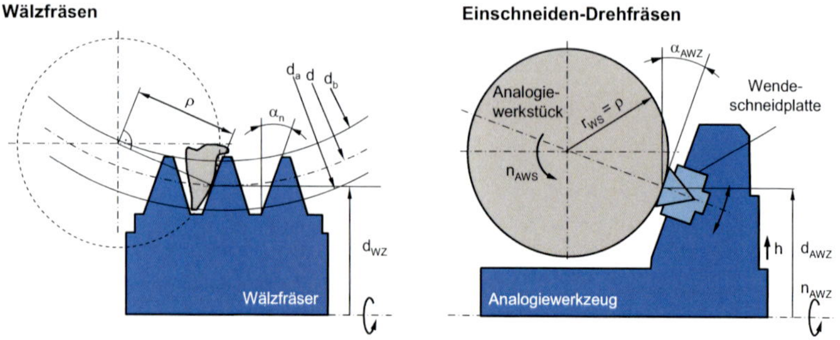

Bild 5.1: Analogie-Zerspanversuch Einschneiden-Drehfräsen [KAIS92]
Analogy cutting test for flank machining

In diesem Analogieversuch wird im Gegensatz zum Wälzfräsen eine konstante Spanungsgeometrie betrachtet, sodass Überlagerungen im Verschleißbild des Werkzeugs, die aus der Bildung unterschiedlicher Späne resultieren, nicht auftreten können. Daher können die bei einer definierten Spanungsgeometrie relevanten Verschleißmechanismen und die Verschleißausprägung für den konkreten Fall ermittelt werden. Die gewünschte Spanungsgeometrie kann über die Parameter Werkzeugdurchmesser d_{AWZ}, Eingriffswinkel α_{AWZ}, Zustellung h, Drehzahlverhältnis n_{AWZ}/n_{AWS} und Axialvorschub f_a eingestellt werden.

Die Vorteile der Zerspanuntersuchungen im Analogieversuch sind die einfache Variation des Schneidstoffs, der Hartstoffschicht und der Schneidengeometrie bei ansonsten konstanten Randbedingungen aufgrund des Einsatzes von Wendeschneidplatten. So können auch Werkzeugsysteme getestet werden, die noch nicht kommerziell als Verzahnwerkzeuge erhältlich sind. Die Kinematik und Dynamik des Prozesses und die hieraus resultierenden Spanungsquerschnitte sind dem Wälzfräsen sehr ähnlich. Nicht berücksichtigt werden in diesem Analogieversuch die Auswirkungen der unterschiedlichen Spanungsgeometrien, die beim Wälzfräsen in den verschiedenen Wälzstellungen auftreten sowie die bei der Bearbeitung der gesamten Zahnlücke ebenfalls auftretenden Mehrflankenspäne.

5.1.1 Geometrische Auslegung der Bearbeitung zur Erzeugung definierter Spanungsgeometrien

Geometric Process Design for Generating Defined Undeformed Chip Geometries

Die in Kapitel 4 dargestellten Simulationsrechnungen für unterschiedliche geometrische Prozessauslegungen des Fertigwälzfräsens haben ergeben, dass maximale

Spanungsdicken entlang der Schneidkante zwischen etwa $h_{cu,max}$ = 8 µm und 25 µm auftreten. Hierbei liegen maximale Schnittbogenlängen im Bereich von etwa $l_{cu,max}$ = 2 mm bis 8 mm vor. Im Analogieversuch wird dieser Bereich der Spanungsgeometrien analysiert.

Um signifikante Unterschiede der betrachteten Späne zu erzielen, werden die geometrischen Parameter progressiv variiert. Für die maximale Spanungsdicke ergeben sich die drei Stufen $h_{cu,max}$ = 10 µm, 20 µm und 40 µm. Geringere Spanungsdicken sind im Analogieversuch nicht sicher reproduzierbar und werden daher nicht betrachtet. Die maximale Schnittbogenlänge wird in den Stufen $l_{cu,max}$ = 2,0 mm, 4,0 mm und 8,0 mm variiert. Beide Größen werden vollfaktoriell miteinander kombiniert, **Bild 5.2**.

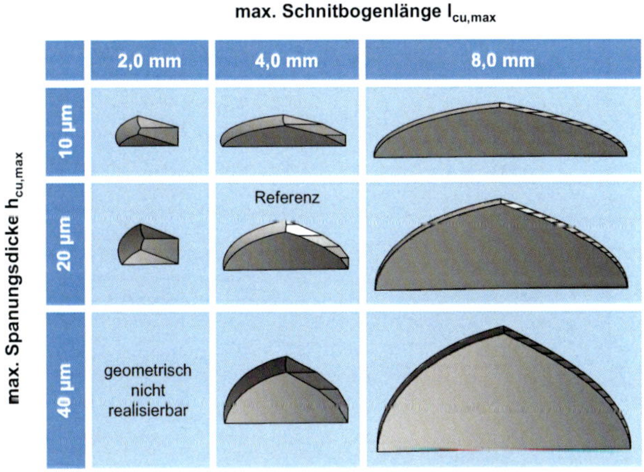

Bild 5.2: Spanungsgeometrien im Analogie-Zerspanversuch

Undeformed chip geometries in the analogy cutting trial

Die für den Analogie-Zerspanversuch gefundenen Prozessauslegungen führen zu den dargestellten Spanungsgeometrien. Die Kombination einer maximalen Spanungsdicke von $h_{cu,max}$ = 40 µm mit einer maximalen Schnittbogenlänge von $l_{cu,max}$ = 2,0 mm ist dabei im Bereich einer an das Fertigwälzfräsen angelehnten, sinnvollen geometrischen Prozessauslegung nicht realisierbar. Das Auftreten einer derartigen Spanungsgeometrie beim Fertigwälzfräsen wird auch in der Praxis nicht erwartet. Die mittlere sich ergebende Spanungsgeometrie mit $h_{cu,max}$ = 20 µm und $l_{cu,max}$ = 4,0 mm wird im Folgenden als Referenzgeometrie bezeichnet.

In **Bild 5.3** sind der Referenz-Spanungsgeometrie des Analogieversuchs typische beim Fertigwälzfräsen auftretend Flankenspanungsgeometrien gegenübergestellt. Der Schnitt, der dem Erzeugen der dargestellten Spanungsgeometrie vorangegangen ist, führt zu der in Schneiden- bzw. Spanungsbreitenrichtung nach unten abfallenden Fläche (links oben im Bild). Nahe der unteren Begrenzung der dargestellten Spanungsgeometrie liegt die maximale Schnittbogenlänge vor. Die hier vorliegende Spanungsdicke ist über dem größten Teil des Schnittbogens konstant und sehr gering. Die maximale Breite der Spanungsgeometrie beträgt etwa $b_{cu,max}$ = 1,6 mm. Der Anschnittwinkel bei der Erzeugung der Spanungsgeometrie liegt bei etwa φ = 1,5°.

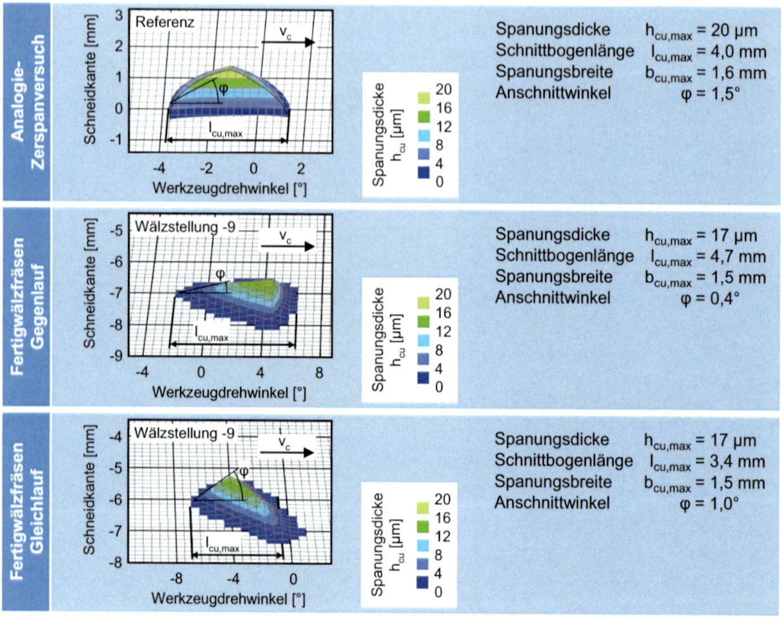

Bild 5.3: Vergleich der Referenz-Spanungsgeometrie im Analogie-Zerspanversuch mit Spanungsgeometrien des Referenz-Fertigwälzfräsprozesses

Comparison of the reference chip geometry in the analogy cutting trial with chip geometries in reference gear finish hobbing process

Die Geometrien der zum Vergleich dargestellten Spanungsgeometrien, die beim Fertigwälzfräsen der Beispielverzahnung auftreten, weisen in Richtung der negativen Schneidkantenabwicklung ebenfalls bis auf null abfallende Spanungsdicken auf. Die Begrenzung des Spans verläuft jedoch diagonal auf der Grundfläche der Darstellung. Im Gegensatz zur Spanbildung im Analogie-Zerspanversuch verschiebt sich der äußerste Kontaktpunkt des Spans somit über dem Schnittweg signifikant entlang der Schneide.

Die größte Schnittbogenlänge und die größte Spanungsdicke treten beim Fertigwälzfräsen etwa an derselben Position der Schneidkante auf. Der Anschnittwinkel beträgt hierbei abhängig von der Bearbeitungsrichtung zwischen φ = 0,4° und 1,0°. Er ist geringer als im Analogieversuch, die Spanungsdicke steigt an der entsprechenden Position der Schneide jedoch auf einen größeren Wert an. Im Analogieversuch treten die maximale Spanungsdicke und -länge unabhängig voneinander auf. Hierdurch wird eine Unterscheidung der Verschleißbeeinflussung des Werkzeugs durch die

Spanungsdicke und Schnittbogenlänge möglich. Die auftretenden Spanungsgeometrien entsprechen mit hinreichender Genauigkeit denen beim Fertigwälzfräsen.

5.1.2 Praktische Umsetzung des Versuchs auf der Bearbeitungsmaschine

Implementation of the Trial on the Machine Tool

Zur Durchführung der Versuche wird eine Wälzfräsmaschine der Firma Liebherr vom Typ LC 120 verwendet. Diese Maschine ermöglicht Spindeldrehzahlen von bis zu $n_{Sp} = 10.000\ min^{-1}$. Für den Analogieversuch bedeutet dies einen technisch realisierbaren Schnittgeschwindigkeitsbereich von bis zu $v_c = 2.500$ m/min (= 42 m/s).

Zur reproduzierbaren Abnahme der oben dargestellten Spanungsgeometrien sind eine hohe Formgenauigkeit des zylindrischen Werkstücks und darüber hinaus eine exakte Ausrichtung desselben in der Bearbeitungsmaschine erforderlich. Um den Zerspanversuch darüber hinaus unter weitgehend konstanten Randbedingungen mehrfach auf einem Versuchswerkstück durchführen zu können, wird für den Durchmesser der Bearbeitungsfläche eine maximale Abweichung von 5 % des Sollwerts von $d_{AWS} = 38$ mm zugelassen. Dieser entspricht einem mittleren Krümmungsradius der Zahnflanken der Referenzverzahnung. Für eine mehrfache Versuchsdurchführung mit demselben Werkstück muss eine immer gleiche Oberflächentopografie gewährleistet sein.

Um den Anforderungen hinsichtlich Makro- und Mikrogeometrie nachzukommen, wird die Werkstückoberfläche auf der Versuchsmaschine in der Aufspannung des Zerspanversuchs durch Außenlängsdrehen vorbearbeitet, **Bild 5.4**. Anschließend wird eine Finishing-Operation durchgeführt, um die Oberflächengüte des Werkstucks zu verbessern. Insgesamt wird eine Rundheitsabweichung der für den Zerspanversuch präparierten Fläche von weniger als 4 µm und eine Geradheitsabweichung von etwa 5 µm erreicht. Bei der Geradheitsabweichung handelt es sich primär um eine Konizität, die im Zerspanversuch nachgefahren wird. Die Oberfläche des Zylinders weist eine Rauheit von $R_z < 5$ µm auf.

Die eigentliche Versuchsdurchführung ist in **Bild 5.5** dargestellt. Die Werkzeughalterung ist so ausgeführt, dass die Drehachse des Werkzeugs in der von der Spanfläche aufgespannten Ebene liegt. Der konstruktive Spanwinkel des Werkzeugs ist daher null. Der Freiwinkel entspricht demnach dem der Wendeschneidplatten. Eine Neigung der Schneidkante wie beim Schälwälzfräsen liegt nicht vor. Während der Bearbeitung dreht das Werkstück in einem definierten Drehzahlverhältnis zur Werkzeugdrehung, sodass das Abwälzen bei der Herstellung einer Zahnflanke simuliert wird. Gleichzeitig verfährt das Werkzeug ähnlich dem Axialvorschub beim Wälzfräsen in axialer Richtung des Werkstücks.

Auf der links unten in Bild 5.5 dargestellten Aufnahme des bearbeiteten Werkstücks sind analog zu einem wälzgefrästen Werkstück die Vorschubmarkierungen und Hüllschnittabweichungen erkennbar. Da in diesem Analogieversuch der Schwerpunkt auf der Nachbildung der Spanungskenngrößen liegt, wird darauf verzichtet, eine für eine

Verzahnung geforderte Vorschubmarkierungstiefe einzustellen. Die Rauheit in Umfangsrichtung des Werkstücks hingegen, die die Rauheit eines Zahnrads in Profilrichtung widerspiegelt, wird zur vergleichenden Beurteilung des Prozesses herangezogen.

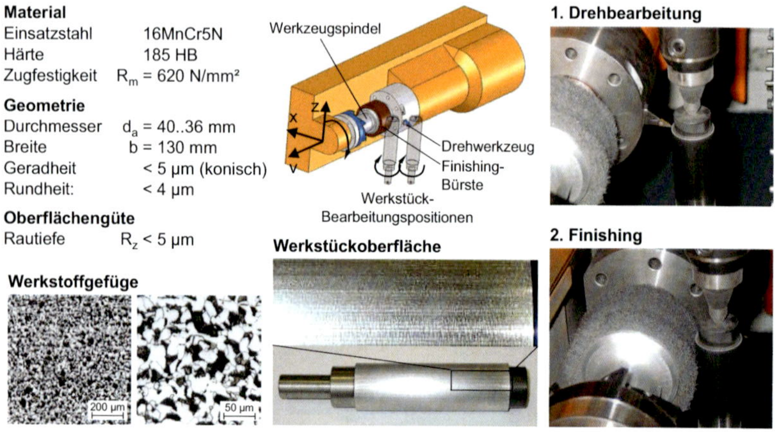

Bild 5.4: Vorbearbeitung der Versuchswerkstücke

Preparing the trial workpieces

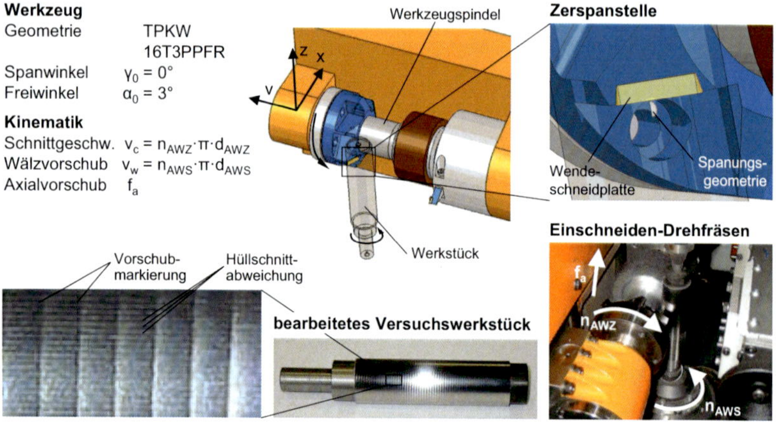

Bild 5.5: Durchführung des Analogie-Zerspanversuchs

Performing the analogy cutting trials

Anhand der in **Bild 5.6** beispielhaft dargestellten, im Analogieversuch erzeugten Späne kann die theoretisch ermittelte, zugrunde liegende Referenz-Spanungsgeometrie ($h_{cu,max}$ = 20 µm, $l_{cu,max}$ = 4,0 mm) überprüft werden. Das Bild zeigt exemplarisch jeweils die Ober- und Unterseite eines bei Standzeitbeginn entstandenen Spans. Die Spanunterseite ist dabei die auf der Spanfläche ablaufende Fläche des Spans. In ihr wird die Schartigkeit der Schneidkante abgebildet. Die Span oberseite entspricht der Fläche des Spans, die zuvor Teil der Werkstückoberfläche war. Sie ist durch die Umformvorgänge gestaucht.

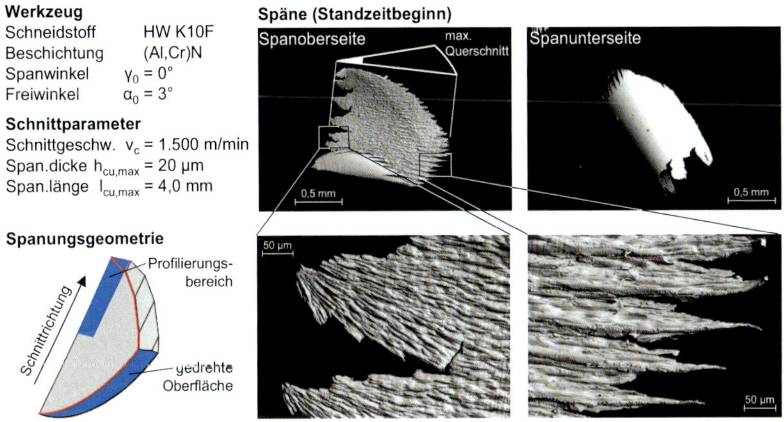

Bild 5.6: Verifikation der Spanungsgeometrien anhand der Späne
Verification of the undeformed chip geometries by chips

Bei der Betrachtung der Spanoberseite ist auffallend, dass diese der in Schnittrichtung gestauchten Spanungsgeometrie entspricht, die links unten im Bild dargestellt ist. Eine genauere Betrachtung zeigt, dass die Breite des Spans exakt mit der simulierten Spanungsbreite von b_{cu} = 1,6 mm übereinstimmt. Darüber hinaus ist die bogenförmige Kante, die den jeweils höchsten Punkt eines Spanungsquerschnitts markiert, als Schatten in der Spanoberseite erkennbar. Der Spanrand der nahezu geraden linken Flanke, an der die Spanungsdicke nur langsam zunimmt und das Werkstück profiliert wird, ist stark ausgefranst. Dies rührt daher, dass der hier vorliegende dünne Bereich des Spans im Vergleich zu den sich anschließenden Bereichen stark gestaucht wird und hierbei reißt. Auswirkungen dieser Effekte auf die Werkstückoberflächengüte in axialer Richtung können nicht identifiziert werden. Im Gegensatz zu der ausgefransten linken Kante ist der obere rechte Bogen sehr glatt.

Der untere rechte Bogen ist durch seitlich auslaufende Spitzen gekennzeichnet. Dieser Bereich wird von der vor dem Analogieversuch vorliegenden Werkstückoberfläche abgenommen. Daher führt die aus dem Drehprozess resultierende kinematische Rauheit (Drehriefen) in diesem Bereich zu einer schwankenden Spanungsdicke. Aufgrund der tangentialen Bearbeitung resultiert hieraus gleichzeitig eine geringfügig schwankende Spanungsbreite.

Die Abnahme der gewünschten Spanungsgeometrie wird auf Basis des Vergleichs mit erzeugten Spänen bestätigt.

5.2 Zerspanuntersuchungen im Analogieversuch

Cutting Investigations by Analogy Trials

Die Ergebnisse der durchgeführten Analogie-Zerspanversuche werden im Folgenden im Hinblick auf die Relevanz für das Fertigwälzfräsen dargestellt. Dies beinhaltet das Verschleißverhalten der Werkzeuge sowie die Auswirkungen auf die erzeugte Werkstückoberfläche. Als Schneidstoff für die Zerspanversuche wird das in Kapitel 4.2 beschriebene Hartmetall der Anwendungsgruppe K10F verwendet, das eine größere Verschleißfestigkeit aufweist als die für das Verzahnen gängigere Sorte K30F. Die Schneidkante der Werkzeuge ist geringfügig durch eine Mikrostrahlbehandlung verrundet und mit einer (Al,Cr)N-Beschichtung versehen.

Als Messgröße für die Lebensdauer des Analogie-Zerspanwerkzeugs wird nicht, wie beim Wälzfräsen üblich, der Standweg als die verzahnte Länge verwendet, da ein solcher Wert nicht in geeigneter Form auf das Fertigwälzfräsen übertragbar wäre. Als günstigerer Wert hat sich die Anzahl der Schneideneingriffe, die das Werkzeug vollzieht, erwiesen, die im Folgenden kurz als ‚Anzahl Schnitte' oder auch als ‚Standweg' mit dem Kurzzeichen L_S bezeichnet wird. Dieser Wert kann anhand der in Kapitel 4 dargestellten geometrischen Zerspansimulationen auf das Fertigwälzfräsen übertragen werden und ist unabhängig von der Werkstückgröße und Spanungsgeometrie.

Als Standkriterium für die Zerspanversuche wird das Überschreiten einer maximalen Verschleißmarkenbreite von $VB_{max} = 0{,}15$ mm gewählt. Bei diesem Wert liegt – zumindest bei größeren Schnittgeschwindigkeiten – grundsätzlich progressiv ansteigender Verschleiß vor. Die bei Erreichen des Standkriteriums erzielte Anzahl Schnitte wird im Gegensatz zur Laufvariablen L_S mit L_S*, oder auch als ‚Standlänge' bezeichnet. Eine Verschleißbeurteilung auf Basis der erzeugten Oberflächengüte wird nicht vorgenommen, da die gemessenen Rauheitswerte nicht direkt auf das Fertigwälzfräsen übertragbar sind.

5.2.1 Werkzeugbedingte Einflüsse auf das Verschleißverhalten

Influences of the Tool Preparation on the Wear Behavior

Eingangs der Versuchsreihe wurden Vorversuche zur Erprobung des Analogieversuchs und zur Analyse des Verschleißverhaltens mit einzelnen Werkzeugen durchgeführt, deren Kantenpräparation von den im späteren Verlauf der Arbeit als Modellbasis verwendeten ‚Serienwerkzeugen' abweicht. Die Hartstoffbeschichtung der Vorversuchswerkzeuge weist mit s = 1,0..1,5 µm eine etwas geringere Schichtdicke auf als die der Serienwerkzeuge mit s = 1,3..1,6 µm. Die Schneidkantenverrundung aller Werkzeuge gemessen im beschichteten Zustand beträgt jeweils etwa $r_\beta = 9$ µm. Nach Brinksmeier bedeutet dies eine sehr geringe Mindestspanungsdicke in der Größenordnung von $h_{cu,min} = 1$ µm (vgl. Kapitel 2.5.2) für das Neuwerkzeug, die sich abhängig vom verschleißbedingten Zustand der Schneidkante ändern kann.

Aufgrund der technologischen Relevanz des Verschleißverhaltens werden die werkzeugbedingten Einflüsse auf das Verschleißverhalten anhand der verwendeten Werkzeugchargen analysiert und gegenübergestellt. **Bild 5.7** zeigt das Einsatzverhalten von Werkzeugen beider Chargen bei der Hochgeschwindigkeitsbearbeitung im direkten Vergleich. Die angewendete Schnittgeschwindigkeit beträgt mit v_c = 1.500 m/min etwa das doppelte des derzeitigen Stands der Technik für das Fertigwälzfräsen mit beschichtetem Hartmetall (vgl. Kapitel 2.4.3).

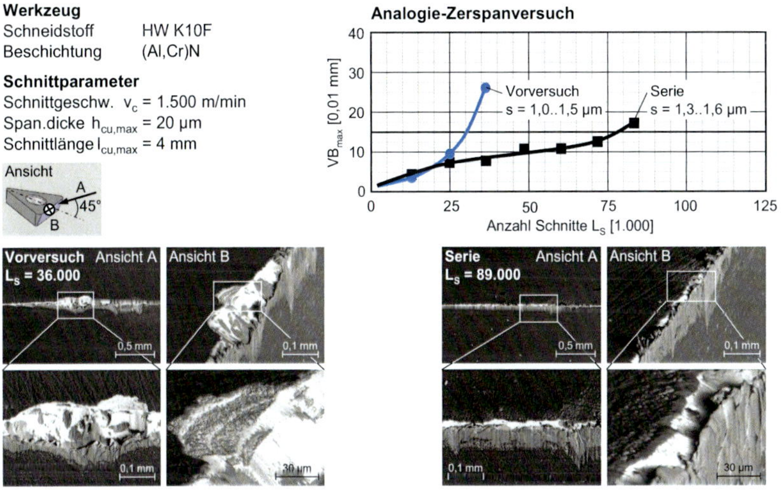

Bild 5.7: Vergleich der Leistungsfähigkeit der Werkzeugchargen

Comparison of the performance of the applied tool batches

Das Vorversuchswerkzeug erreicht das Standkriterium nach $L_S{}^*$ = 31.000 Schnitten. Hierbei treten über dem Standweg muschelförmige Abplatzungen der Spanfläche auf, die in den rasterelektronenmikroskopischen Aufnahmen dokumentiert sind. Aufgrund der günstigeren Präparation wird bis zum Erreichen des Standkriteriums mit dem Serienwerkzeug etwa die 2,5-fache Standlänge erreicht. Abplatzungen der Spanfläche sind bei diesem Werkzeug nicht zu identifizieren.

Auffallend ist in beiden Fällen das adhäsive Anhaften von Spanmaterial entlang des gesamten von der Hartstoffschicht freigelegten Schneidkantenbereichs. Spanmaterial schichtet sich vor dem zurückversetzten Teil der Freifläche auf. Durch die Reibung, die während der Spanbildung zwischen diesem Material und dem Werkstück auftritt, können hieraus Aufschweißungen auf der Werkstückoberfläche entstehen.

Verschleißanalyse eines Vorversuchswerkzeugs

Zur genaueren Analyse des Verschleißverhaltens der Vorversuchswerkzeuge bei hoher Schnittgeschwindigkeit ist der Einlaufverschleiß eines Werkzeugs, das bei einer Schnittgeschwindigkeit von v_c = 1.500 m/min eingesetzt wurde, in **Bild 5.8** dokumentiert.

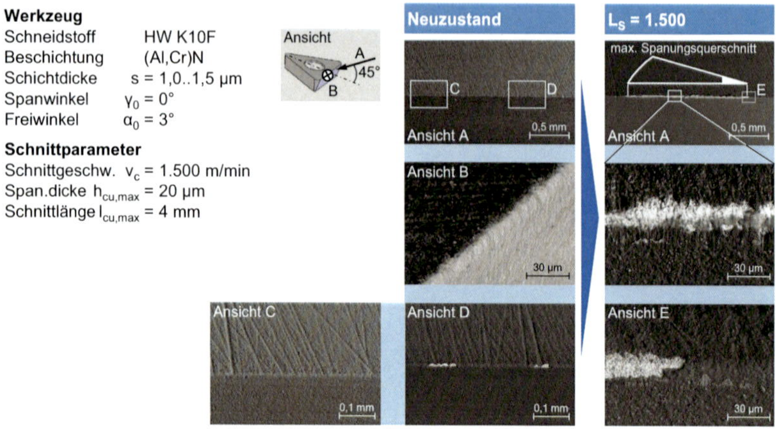

Bild 5.8: Einlaufverschleiß eines Vorversuchswerkzeugs

Initial wear of a preliminary test tool

Die Aufnahmen des Neuzustands des Werkzeugs zeigen, dass bereits hier in einzelnen Bereichen der Schneidkante keine Schicht anhaftet. Bereits nach einem geringen Standweg ($L_{S'}$ = 1.500) ist die Hartstoffschicht vom gesamten aktiven Bereich der Schneidkante entfernt. Hierbei liegt adhäsiver Schichtverschleiß aufgrund ungenügender Schichthaftung vor (vgl. Kapitel 2.4.1), wobei der Ansatz der Hartstoffschicht im Bereich größerer vorliegender Spanungsdicken teilweise nachfolgend abrasiv angeschliffen wurde (obere Vergrößerung).

Die weitere Entwicklung der Verschleißausprägung des betrachteten Werkzeugs ist in **Bild 5.9** dargestellt. Um eine Relation der dargestellten Schneidkante zur abgenommenen Spanungsgeometrie zu erhalten, ist in der rasterelektronenmikroskopischen Aufnahme des Werkzeugs nach L_S = 21.000 durchgeführten Schnitten der maximale Spanungsquerschnitt dargestellt. Der weiß ausgefüllt dargestellte Bereich des Querschnitts kennzeichnet den für die Profilierung des Werkstücks relevanten Schneidkantenabschnitt. Entsprechend ergibt sich die Rauheit des Werkstücks aus diesem Schneidkantenabschnitt sowie den Hüllschnittabweichungen.

Bis zu einem Standweg von etwa L_S = 15.000 Schnitten weist das Werkzeug keinen nennenswerten Freiflächenverschleiß auf. An der gesamten aktiven Schneidkante haftet Werkstückmaterial an. Dies birgt bereits nach einem vergleichsweise geringen Standweg die Gefahr, dass anhaftende Späne erneut in den Schnitt gelangen. Die Hartstoffbeschichtung der Spanfläche ist teilweise durch abrasiven Verschleiß entfernt worden, sodass das Substrat ungeschützt vorliegt.

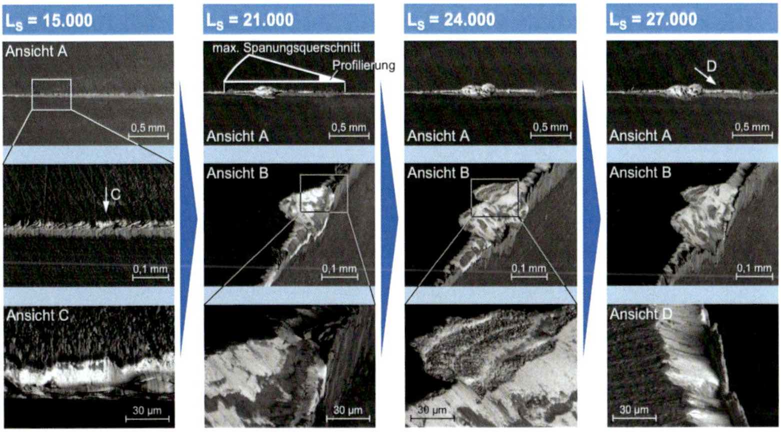

Bild 5.9: Verschleißausprägung über der Standzeit

Wear appearance during tool life

Nach etwa 21.000 Schnitten hat sich, bedingt durch freiliegendes Substrat der Schneidkante, im Teilbereich des Werkzeugs, an dem die größte Spanungsdicke vorliegt, eine deutliche Fase ausgebildet. Etwa 3.000 Schneideneingriffe später zeigt sich neben der bereits zuvor vorhandenen Fase ein Bereich, in dem die Spanfläche aufgrund mechanischer Überlastung entfernt wurde. Die Ursache hierfür ist aus den Aufnahmen nicht ersichtlich. Eine plausible Erklärung ist das Auftreten von Schubkräften parallel zu Spanfläche. Diese können während des Schnittvorgangs aus einem annähernd hydrostatischen Spannungszustand des erweichten Spanmaterials im Bereich der Fase resultieren, auf das nachfolgendes Werkstückmaterial ähnlich einem Kolben Druck ausübt.

Die Analyse des Verschleißverhaltens zeigt, dass bereits bei einer Schnittgeschwindigkeit von v_c = 1.500 m/min Teile der Spanfläche herausbrechen. Bei weiter gesteigerter Schnittgeschwindigkeit wird die Freifläche abgeschert (vgl. Kapitel 5.2.3). Die bereits zu Beginn des Versuchs auftretenden Schichtabplatzungen und der starke adhäsive Verschleiß zu Beginn des Versuchs deuten – zumindest für den Einsatz im Hochschnittgeschwindigkeitsbereich – auf eine ungenügende Schichthaftung hin.

Verschleißanalyse eines Serienwerkzeugs

Zu einer genauen Analyse des Verschleißbilds ist eine mit Werkstückmaterial bedeckte Verschleißmarke nicht geeignet. Daher wird anhaftendes Werkstückmaterial für die weiteren Betrachtungen grundsätzlich durch Ätzen mit 20 %-iger Schwefelsäure entfernt. **Bild 5.10** zeigt Aufnahmen eines so behandelten Serienwerkzeugs.

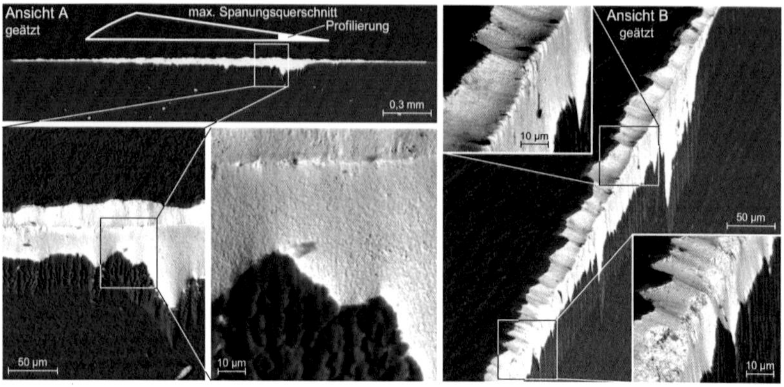

Werkzeug		**Schnittparameter**	
Schneidstoff	HW K10F	Schnittgeschwindigkeit	v_c = 1.500 m/min
Beschichtung	(Al,Cr)N	Spanungsdicke	$h_{cu,max}$ = 20 µm
Schichtdicke	s = 1,3..1,6 µm	Schnittbogenlänge	$l_{cu,max}$ = 4 mm

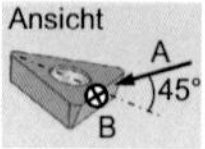

Bild 5.10: Verschleißbild ohne Spanmaterial
Wear image without chip material

In der linken Aufnahme ist unterhalb des freigelegten Substrats deutlich ein abrasiv angegriffener Bereich der Hartstoffschicht zu erkennen. Zwar ist die Beschichtung, wie der Vergrößerung zu entnehmen ist, in diesem Bereich aufgrund der Wechselbelastung stark zerrüttet, sodass unter dem abrasiven Verschleißangriff teilweise auch größere Schichtpartikel herausgelöst werden, die Breite des angeschliffenen Bereichs lässt jedoch darauf schließen, dass trotzdem eine ausreichend gute Schichthaftung vorhanden ist. Der Vergleich mit dem maximalen Spanungsquerschnitt zeigt, dass die maximale Verschleißmarkenbreite im Bereich geringer Spanungsdicke vorliegt, von dem die Oberfläche des bearbeiteten Teils erzeugt wird.

In Ansicht B ist das Querschnittsprofil der Schneidkante gut erkennbar. Die obere Vergrößerung aus dem Bereich der minimalen Spanungsdicke zeigt eine geringfügig (um etwa 3 bis 4 µm) verrundete Kante, die auch eine gewisse Schartigkeit aufweist, mit einer angrenzenden, einige Mikrometer breiten Auskolkung ähnlich einer Spanleitstufe. Im entsprechenden Bereich des Werkzeugs liegt auch der größte Freiflächenverschleiß vor.

Die relativ hohen vorliegenden Zerspantemperaturen, die aus der hohen Schnittgeschwindigkeit von v_c = 1.500 m/min resultieren, reduzieren einerseits den Widerstand des Schneidstoffs gegenüber abrasivem Verschleißangriff. Andererseits ermöglichen sie – eine hinreichend lange Kontaktzeit vorausgesetzt – Diffusionsvorgänge, die für die Bearbeitung von Stahlwerkstoffen mit unbeschichtetem K-Hartmetall in Kapitel 2.3.2 beschrieben sind. Fraglich ist, ob die wiederkehrenden Kontaktzeiten von etwa 0,2 ms für diese Vorgänge ausreichen.

Die verschleißbedingt geschärfte Schneidkante, an die sich die Auskolkung anschließt, liegt im Bereich der geringsten Spanungsdicken vor und führt hier zu einer Reduzierung der erforderlichen Mindestspanungsdicke auf etwa $h_{cu,min}$ = 0,4 µm (nach Brinksmeier). Das Werkzeug passt sich demnach unter den bestehenden Verschleißphänomenen an die vorliegende Belastung an.

Im Gegensatz zur Auskolkung in der oberen Vergrößerung zeigt die untere Vergrößerung die Bildung einer Fase mit ausbröckelndem Material im Bereich der eigentlichen aktiven Schneidkante. In diesem Bereich des Werkzeugs liegen größere Spanungsdicken vor, die im Falle einer auftretenden Auskolkung zu Ausbröckelungen der geschwächten Schneidkante führen, sodass aus der hier vorliegenden Belastung die Fase resultiert. Die Breite der abrasiv entschichteten Spanfläche ist im Bereich der Auskolkung größer als im Bereich der Fase. Ein direkter Zusammenhang zwischen der Spanungsdicke und der Kontaktzone der Spanfläche, wie er häufig bei der Schruppbearbeitung anzutreffen ist, besteht demnach nicht.

5.2.2 Prozessbedingte Einflüsse auf das Verschleißverhalten und die erzielte Werkstückoberfläche

Influences of the Machining Process on the Wear Behavior and the Workpiece Surface

Zur Erstellung eines empirischen Modells der Verschleißentwicklung ist ein reproduzierbares Einsatzverhalten der Versuchswerkzeuge erforderlich. Dies bedingt idealerweise Werkzeugverschleiß aufgrund kontinuierlicher Vorgänge wie Abrasion und nicht aufgrund mangelnder Adhäsion der Schicht oder Oberflächenzerrüttung, die zu Ausbrüchen führen können. Der sich abhängig von den Bearbeitungsparametern ergebende Verschleißverlauf muss dabei möglichst gut dokumentiert sein. Hierzu ist erforderlich, den Zeitpunkt des Standzeitendes möglichst genau abzupassen, um progressiven Verschleiß nach Überschreiten des Standkriteriums gegebenenfalls in Verbindung mit Abplatzungen (vgl. Bild 5.9) zu vermeiden.

Die Serienwerkzeuge weisen, wie in Bild 5.7 dargestellt ist, einerseits ein besseres Leistungsvermögen und andererseits ein kontinuierlicheres Verschleißverhalten als die Vorversuchswerkzeuge auf. Damit sind sie als Basis für die Modellerstellung erheblich besser geeignet. Das Verschleißverhalten der Serienwerkzeuge ist im Folgenden abhängig von den Bearbeitungsparametern dargestellt.

Die geometrisch-kinematischen Prozessgrößen werden im Analogieversuch so eingestellt, dass die Parameter Spanungsdicke und Schnittbogenlänge gemäß Bild 5.2 variiert werden können. Ein zusätzlicher; frei wählbarer Prozessparameter ist die Schnittgeschwindigkeit. Darüber hinaus ist ein signifikanter Einfluss der Bearbeitungsrichtung auf die erzeugte Werkstückoberfläche zu erwarten (vgl. Kapitel 2.5.2).

Schnittgeschwindigkeit

Bild 5.11 zeigt den grundsätzlichen Einfluss der Schnittgeschwindigkeit auf das Standzeitverhalten. Die maximale Verschleißmarkenbreite VB_{max} steigt bei dem Werkzeug, das bei v_c = 500 m/min eingesetzt wurde, nach dem Einlaufverschleiß nahezu linear an, bis nach etwa $L_S^* = 245.000$ Schnitten das Standzeitkriterium erreicht wird.

Werkzeug

Geometrie	TPKW 16T3PPFR
Spanwinkel	$\gamma_0 = 0°$
Freiwinkel	$\alpha_0 = 3°$
Schneidstoff	HW K10F
Beschichtung	(Al,Cr)N
Schichtdicke	s =1,3..1,6 µm

Schnittparameter

Schnittgeschw. v_c = 500..2.000 m/min
Span.dicke $h_{cu,max}$ = 20 µm
Schnittlänge $l_{cu,max}$ = 4 mm

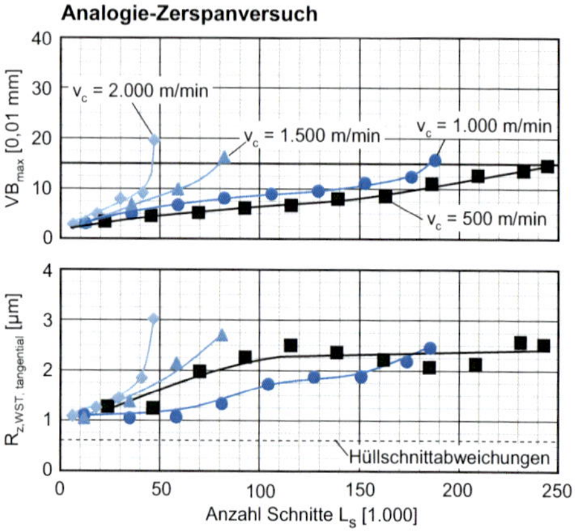

Bild 5.11: Standzeitverhalten abhängig von der Schnittgeschwindigkeit
Wear behavior depending on the cutting speed

Die Rauheit des bearbeiteten Werkstücks, die in tangentiale Richtung und somit quer zu den Hüllschnittabweichungen gemessen wird, steigt ausgehend von einer gemittelten Rautiefe von $R_z = 1{,}3$ µm über die erste Hälfte der erzielten Standlänge bis auf etwa $R_z = 2{,}5$ µm an und bleibt im weiteren Verlauf weitgehend konstant. Hierbei ist zu beachten, dass in der Rautiefe die Höhe der Hüllschnittabweichungen mit etwa $\delta_y = 0{,}7$ µm enthalten ist.

Eine Verdopplung der Schnittgeschwindigkeit auf $v_c = 1.000$ m/min führt zu einer Reduzierung der erreichten Standlänge um etwa 25 % bei gegen Ende progressiv ansteigendem Verschleiß. Die ermittelte Rauheit des Werkstücks startet bei ähnlichen Werten wie denen des zuvor betrachteten Versuchs, steigt aber im weiteren Verlauf etwa proportional zum Freiflächenverschleiß an. Eine weitere Steigerung der Schnittgeschwindigkeit auf $v_c = 1.500$ m/min und auf $v_c = 2.000$ m/min führt zu einer weiteren Standlängenreduktion auf $L_S = 80.000$ bzw. 45.000 Schnitte bei ebenfalls verschleißproportionaler Zunahme der Rauheitswerte.

Aufnahmen der verschlissenen Werkzeuge sind in **Bild 5.12** dargestellt. Die Verschleißverteilung entlang des Eingriffsbereichs der Werkzeuge ist für alle Schnittgeschwindigkeiten ähnlich. Bei der geringsten angewendeten Schnittgeschwindigkeit weist die Verschleißmarke jedoch, wie bereits bei den Werkzeugen aus den Vorversuchen beobachtet, eine vergleichsweise raue Oberfläche auf. Dies deutet auf relativ geringe Zerspantemperaturen und Adhäsionsverschleiß im Bereich des freigelegten Schneidstoffs der Freifläche hin. Die angrenzende Hartstoffschicht zeigt Abrasionsspuren, sodass nicht von adhäsivem Schichtverschleiß ausgegangen werden muss.

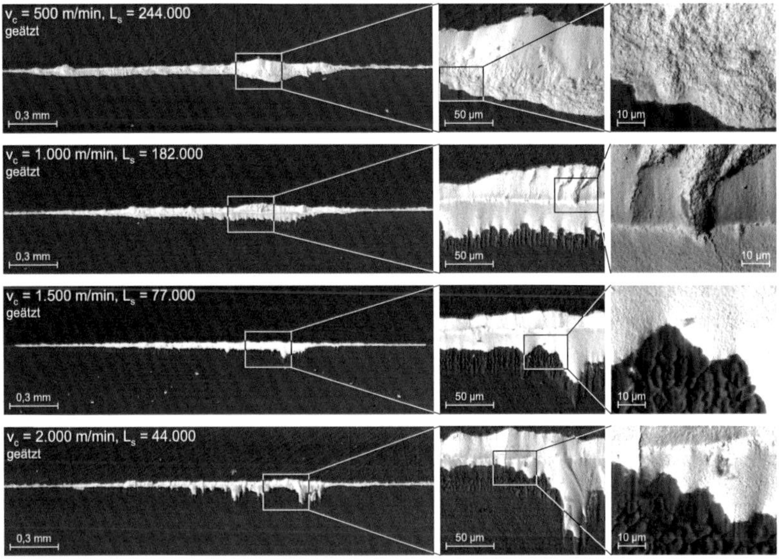

Werkzeug		**Schnittparameter**
Schneidstoff	HW K10F	Schnittgeschwindigkeit v_c = 500..2.000 m/min
Beschichtung	(Al,Cr)N	Spanungsdicke $h_{cu,max}$ = 20 µm
Schichtdicke	s = 1,3..1,6 µm	Schnittbogenlänge $l_{cu,max}$ = 4 mm

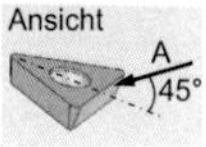

Bild 5.12: Verschleißverteilung abhängig von der Schnittgeschwindigkeit
Wear distribution depending on the cutting speed

Die Verschleißmarke primär abrasiv verschlissener Werkzeuge weist üblicherweise eine Riefenstruktur auf, die auf eine stochastische Verteilung der abrasiv vorbeireibenden Partikeln zurückzuführen ist. Im Fall von Adhäsionsverschleiß tritt die oben beschriebene Bruchstruktur auf. Im Gegensatz dazu weist der innerhalb der Verschleißmarke freigelegte Schneidstoff bei Schrittgeschwindigkeiten von mehr als v_C = 1.000 m/min eine sehr glatte Oberfläche auf. Dies ist darauf zurückzuführen, dass der Verschleiß aufgrund von Adhäsioneffekten zwischen dem Schneid- und Werkstoff, bei dem Schneidstoffpartikel herausgebrochen werden, in den Hintergrund tritt. Diese Beobachtungen decken sich mit den bereits in Bild 2.8 dargestellten prinzipiellen Zusammenhängen. Ursächlich hierfür ist der mit den gesteigerten Schnittgeschwindigkeiten einhergehende Anstieg der Zerspantemperaturen.

Die glatte Oberfläche des freigelegten Schneidstoffs ist aufgrund der gesteigerten thermischen Wechselbelastung von einzelnen Kammrissen durchzogen. Diese zeigen jedoch keine negativen Auswirkungen auf den Verschleißverlauf des Werkzeugs.

Eine Riefenstruktur der Verschleißmarke, wie sie für abrasiven Verschleiß typisch ist, beginnt bei den dargestellten Werkzeugen erst im Bereich der Hartstoffschicht, die eine größere thermische und chemische Beständigkeit aufweist als der Schneidstoff. Die abrasiv angegriffene Hartstoffschicht zeigt ähnlich dem freigelegten Schneidstoff

Zerrüttungserscheinungen aufgrund der starken thermischen Wechselbelastung. Dies führt zu größeren Schwankungen im Verlauf der Verschleißmarkenbreite, die mit steigender Schnittgeschwindigkeit weiter zunehmen. Generelle Schichthaftungsprobleme sind jedoch nicht zu erkennen.

Die in **Bild 5.13** dargestellten Aufnahmen zeigen, dass auch die bereits in Bild 5.10 dargestellten Auskolkungen der Spanfläche erst oberhalb einer Schnittgeschwindigkeit von v_c = 500 m/min vorliegen. Zerspanwerkzeuge aus weiteren Zerspanuntersuchungen zeigen dieses Verschleißverhalten ab einer Schnittgeschwindigkeit von etwa v_c = 750 m/min. Bei geringeren Schnittgeschwindigkeiten liegt über dem Eingriffsbereich des Werkzeugs eine Fase vor, wie sie sich bei der Schnittgeschwindigkeit von v_c = 500 m/min darstellt. Die hierdurch geprägte Schneidkante ist vergleichsweise stumpf, womit auch die relativ schlechte erzeugte Oberflächengüte bei geringen Schnittgeschwindigkeiten erklärt werden kann (vgl. Bild 5.11). Die sich bei größeren Schnittgeschwindigkeiten im Bereich der geringen Spanungsdicken – und damit in dem Bereich, in dem die Werkstückoberfläche erzeugt wird – einstellende Auskolkung wirkt sich zusammen mit der sehr scharfen Schneidkante positiv auf die Spanbildung und das Bearbeitungsergebnis aus. Die Fasenbildung im Bereich größerer Spanungsdicken hingegen ist für die erzeugte Werkstückoberfläche nicht relevant.

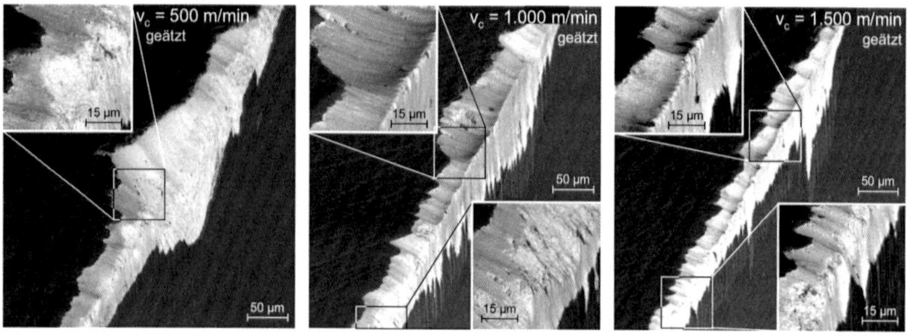

Werkzeug
Schneidstoff HW K10F
Beschichtung (Al,Cr)N
Schichtdicke s = 1,3..1,6 µm

Schnittparameter
Schnittgeschwindigkeit v_c = 500..1.500 m/min
Spanungsdicke $h_{cu,max}$ = 20 µm
Schnittbogenlänge $l_{cu,max}$ = 4 mm

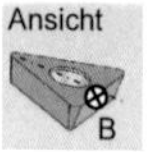

Bild 5.13: Schneidkeilgeometrie abhängig von der Schnittgeschwindigkeit

Edge geometry depending on the cutting speed

Bearbeitungsrichtung

Neben der oben dokumentierten Oberflächengüte des Werkstücks in Umfangsrichtung, die der Profilrichtung des Zahnrads entspricht, ist ebenso die Werkstückoberfläche in axialer Richtung, entsprechend der Zahnflankenrichtung, von Interesse. Da der Analogieversuch jedoch nicht darauf abgestimmt ist, die beim Wälzfräsen auftretenden Vorschubmarkierungen nachzubilden, ist eine quantitative Betrachtung der Werkstückoberfläche in dieser Richtung nicht zielführend. In qualitativer Hinsicht können jedoch Hinweise auf eine fertigwälzgefräste Oberflächentopografie gewonnen werden.

Bild 5.14 zeigt beispielhaft REM-Aufnahmen der Oberflächen eines im Gleich- und eines im Gegenlauf bearbeiteten Werkstücks gegen Standzeitende des Werkzeugs. Die erzielten Standlängen der Werkzeuge sind hierbei annähernd identisch, sodass auf eine Darstellung der Verschleißentwicklung verzichtet werden kann. Die obere Aufnahme des im Gleichlauf gefrästen Werkstücks zeigt, dass hier am Ende der Vorschubmarkierung ein deutlicher Grat entstanden ist. Das entsprechende im Gegenlauf bearbeitete Werkstück weist diesen Grat nicht auf. Die hier vorliegende Kante muss auf Umformvorgänge vor dem Erreichen der Mindestspanungsdicke zurückzuführen sein, vgl. Kapitel 2.5.2. Die Gratbildung im Gleichlauf kann dadurch erklärt werden, dass der sich im Gegenlauf aufbauende Grat während der nächsten Werkstückumdrehung abgenommen wird. Dem gegenüber stellt bei der Bearbeitung im Gleichlauf der Schneidenaustritt den letzten Kontakt zwischen Schneide und Werkstück dar, sodass der entstandene Grat bestehen bleibt (siehe Prinzipskizze).

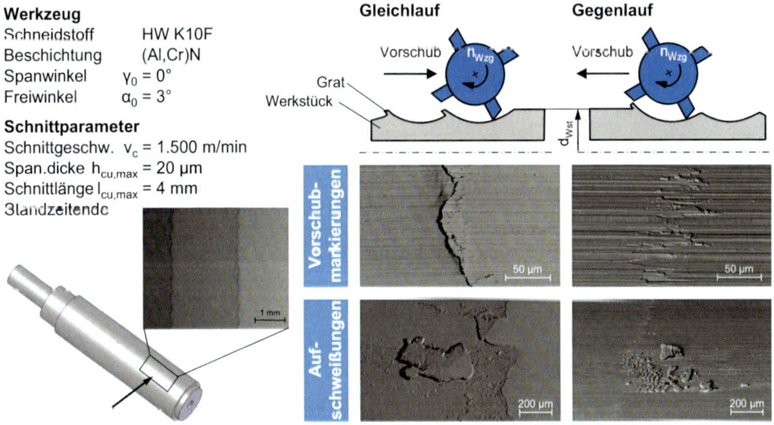

Bild 5.14: Werkstückoberfläche abhängig von der Bearbeitungsrichtung
Workpiece surface depending on the machining direction

Die unteren Aufnahmen zeigen Werkstoffaufschweißungen, die typischerweise im Gleich- und Gegenlauf insbesondere gegen Standzeitende bei der Bearbeitung mit K-Hartmetall entstehen können. Diese Aufschweißungen werden auch als Oberflächendefekte bezeichnet. Im Gleichlauf können Späne, die – beispielsweise durch Anhaften an der Schneide – mit der Werkstückflanke in Kontakt kommen, unmittelbar auf dem Werkstück verschweißen. Mit steigender Spantemperatur, also zunehmendem Werkzeugverschleiß und steigender Schnittgeschwindigkeit, treten derartige Aufschweißungen in den Analogieversuchen häufiger auf. Dem gegenüber können im Gegenlauf – zumindest im Analogieversuch – Aufschweißungen nur dann auftreten, wenn Späne an der Schneide anhaften und so beim Schneideneintritt zwischen Schneide und Werkstück geraten und auf die Werkstückoberfläche aufgerieben werden.

Die qualitative Untersuchung der Werkstückoberfläche führt zu dem Ergebnis, dass aufgrund der Gratbildung am Schneidenaustritt bei der Bearbeitung einer Verzahnung im Gegenlauf eine geringere Rauheit zu erwarten ist. Um Werkstoffaufschweißungen auf der Werkstückflanke sicher zu vermeiden, muss die Bearbeitung im Gegenlauf mit einem Schneidstoff durchgeführt werden, der nicht zum Anhaften von Spänen neigt. Hierzu sind insbesondere die Schneidstoffe Cermet oder PCBN von Interesse, deren Einsatzverhalten in Kapitel 8 betrachtet wird. Alternativ dazu müssen die an der Schneidkante anhaftenden Späne bis zum nächsten Schneideneingriff – beispielsweise durch Druckluft – sicher entfernt werden.

Spanungsgeometrie

Neben dem Einfluss der Schnittgeschwindigkeit auf das Standzeitverhalten werden Auswirkungen der Spanungsgeometrie erwartet. **Bild 5.15** zeigt das Ergebnis einer Variation der Spanungsdicke $h_{cu,max}$ und Schnittbogenlänge $l_{cu,max}$ bei einer konstanten Schnittgeschwindigkeit von v_c = 1.500 m/min. Ausgehend von der zuvor betrachteten Spanungsgeometrie mit $h_{cu,max}$ = 20 µm und $l_{cu,max}$ = 4,0 mm wird jeweils eine Halbierung und Verdopplung dieser Werte gemäß der in Bild 5.2 dargestellten Matrix betrachtet. Aufgrund der Beeinflussung der Werkstückrauheit durch die Prozessparameter Axial-, Wälzvorschub und Analogie-Eingriffswinkel, die nicht mit denen beim Fertigwälzfräsen korrelieren, ist eine Betrachtung der Rauheitsergebnisse dieser Versuche nicht zielführend.

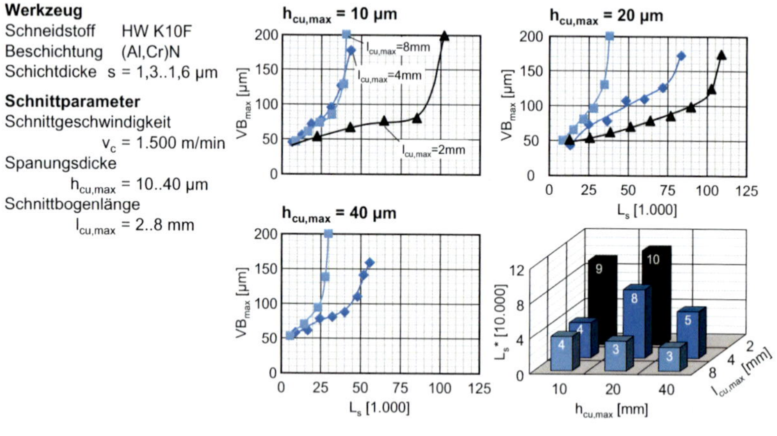

Bild 5.15: Standlänge bei v_c = 1.500 m/min abhängig von der Spanungsgeometrie
Tool life at v_c = 1,500 m/min depending on the undeformed chip geometry

Die Diagramme zeigen, dass sich eine geringere Schnittbogenlänge grundsätzlich positiv auf die erreichte Standlänge gemessen an der Anzahl der Schneideneingriffe auswirkt. Eine Verringerung der Schnittbogenlänge um 75 % führt etwa zu einer Verdreifachung der erzielten Anzahl Schnitte. Die positiven Auswirkungen der geringen Schnittbogenlänge können damit begründet werden, dass der Verschleißangriff je Span durch Abradion und Diffusion mit abnehmender Schnittbogenlänge geringer wird. Gleichzeitig wird die Energieeinbringung in das Werkzeug aufgrund der geringeren Kontaktzeit reduziert.

Hinsichtlich der Spanungsdicke zeigt sich für die verschiedenen Stufen der betrachteten Schnittbogenlänge ein indifferentes Verhalten. Für die Schnittbogenlänge von $l_{cu,max}$ = 4,0 mm liegt das Optimum der erzielten Standlänge bei etwa $h_{cu,max}$ = 20 µm vor. Für die geringere Schnittbogenlänge von $l_{cu,max}$ = 2,0 mm ist die Standlänge bei beiden Versuchspunkten nahezu identisch. Bei der größeren Schnittbogenlänge von $l_{cu,max}$ = 8,0 mm hingegen ist die geringste Spanungsdicke standzeitoptimal.

Bild 5.16 und **Bild 5.17** zeigen die Schneidkanten der bei v_c = 1.500 m/min eingesetzten Versuchswerkzeuge für eine Variation der maximalen Spanungsdicke bzw. der maximalen Schnittbogenlänge. Erkennbar ist der Einfluss der Spanungsdicke auf die spanflächenseitig freigelegte Breite des Schneidstoffs im dargestellten Bereich der maximalen Verschleißmarkenbreite mit der entsprechenden Auskolkung, vgl. Bild 5.16.

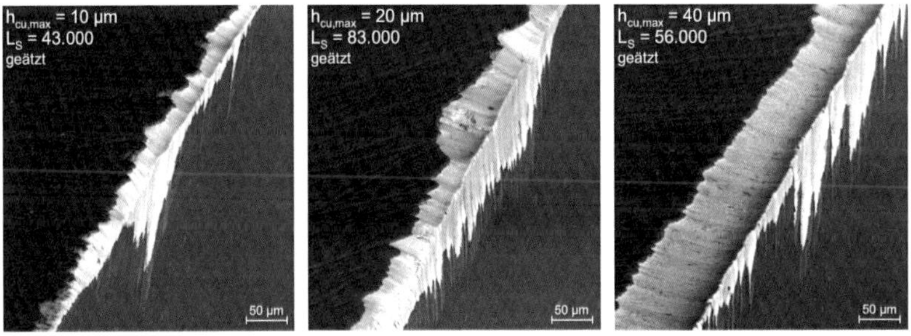

Werkzeug
Schneidstoff HW K10F
Beschichtung (Al,Cr)N
Schichtdicke s = 1,3..1,6 µm

Schnittparameter
Schnittgeschwindigkeit v_c = 1.500 m/min
Spanungsdicke $h_{cu,max}$ = 10..40 µm
Schnittbogenlänge $l_{cu,max}$ = 4 mm

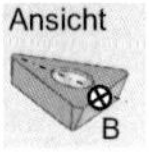

Bild 5.16: Verschleißbild abhängig von der maximalen Spanungsdicke

Wear image depending on the maximum undeformed chip thickness

Auch die Schnittbogenlänge wirkt sich auf die Breite der Auskolkung aus. Mit zunehmender Schnittbogenlänge steigt zudem die thermische Belastung des Werkzeugs, sodass bei großen Schnittbogenlängen gegen Standzeitende auch Kammrisse auftreten. Diese wirken sich jedoch in den Versuchen nicht negativ auf die Prozesssicherheit oder die Entwicklung aus, vgl. Bild 5.17.

Die in **Bild 5.18** dargestellten Standlängenergebnisse der bei einer Schnittgeschwindigkeit von v_c = 1.000 m/min durchgeführten Versuchsreihe ähneln im Wesentlichen dem Ergebnis bei v_c = 1.500 m/min, vgl. Bild 5.15. Der reproduzierbare unterschiedliche Einfluss der Spanungsdicke auf das Standlängenergebnis bei mittlerer und großer Schnittbogenlänge ist an dieser Stelle nicht erklärbar.

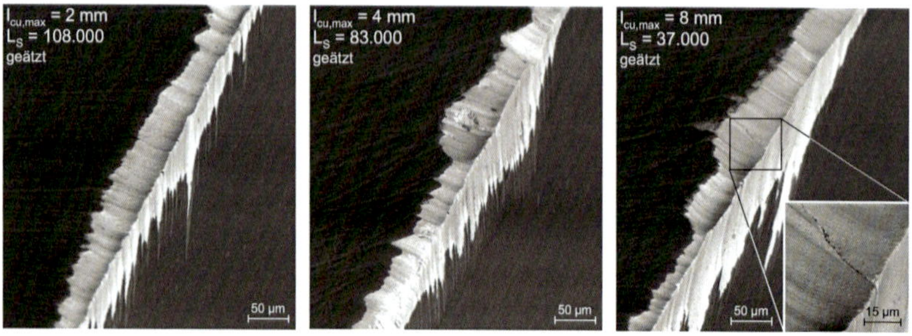

Werkzeug
Schneidstoff HW K10F
Beschichtung (Al,Cr)N
Schichtdicke s = 1,3..1,6 µm

Schnittparameter
Schnittgeschwindigkeit v_c = 1.500 m/min
Spanungsdicke $h_{cu,max}$ = 20 µm
Schnittbogenlänge $l_{cu,max}$ = 2..8 mm

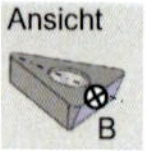

Bild 5.17: Verschleißbild abhängig von der maximalen Schnittbogenlänge
Wear image depending on the maximum undeformed chip length

Werkzeug
Schneidstoff HW K10F
Beschichtung (Al,Cr)N
Schichtdicke s = 1,3..1,6 µm

Schnittparameter
Schnittgeschwindigkeit v_c = 1.000 m/min
Spanungsdicke $h_{cu,max}$ = 10..40 µm
Schnittbogenlänge $l_{cu,max}$ = 2..8 mm

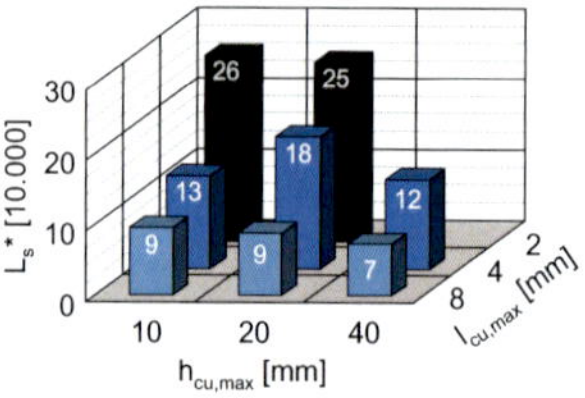

Bild 5.18: Standlänge bei v_c = 1.000 m/min abhängig von der Spanungsgeometrie
Tool life at v_c = 1,000 m/min depending on the undeformed chip geometry

Plausibel ist der grundsätzliche Abfall der erreichten Anzahl an Schneideneingriffen hin zu den mit $h_{cu,max}$ = 40 µm vergleichsweise dicken Spanungsgeometrien. Er kann damit erklärt werden, dass die Belastung der Schneidkante aufgrund der zunehmenden Spanungsdicke größer wird. Geringe Spanungsdicken könnten aufgrund einer Bearbeitung im Bereich der Mindestspanungsdicke zu negativen Einflüssen auf das Verschleißverhalten führen, ein eindeutiger Trend kann hier jedoch nicht nachgewiesen werden. Eine Erklärung der abweichenden Versuchsergebnisse möglicherweise ist darin zu suchen, dass Einflüsse aus der Spanungsgeometrie auftreten, die nicht alleine auf deren Dicke und Länge zurückzuführen sind.

5.2.3 Auswirkungen mechanischer Überlastung des Werkzeugs im Analogieversuch

Effects of Mechanical Overload of Tools applied in the Analogy Trial

Aus dem Spanungsquerschnitt und der Schnittgeschwindigkeit ergibt sich ein Impuls, der auf die Schneidkante des Werkzeugs wirkt. Eine gesteigerte Schnittgeschwindigkeit führt daher neben einer zunehmenden Schnitttemperatur zu einem steigenden Impuls. Dieser Impuls kann die Festigkeit oder Dauerfestigkeit des Schneidstoffs überschreiten, was bereits nach kurzer Standzeit zu muschelförmigen Abplatzungen der Freifläche führen kann.

Bild 5.19 zeigt entsprechende Schneidkantenausbrüche eines Vorversuchswerkzeugs, das bei einer Schnittgeschwindigkeit von v_c = 2.000 m/min eingesetzt wurde. Innerhalb des dreistufigen Ausbruchs sind Kammrisse zu erkennen, die zusätzlich die große thermische Wechselbelastung zeigen, denen das Werkzeug ausgesetzt war. Eine Besonderheit des Analogieversuchs ist die Initiierung weiterer Ausbrüche durch ein anfängliches Versagen der Schneidkante, aus der das vorliegende Verschleißbild mit einer wellenförmigen Abplatzung resultiert, **Bild 5.20**.

Werkzeug
Schneidstoff HW K10F
Beschichtung (Al,Cr)N
Schichtdicke s = 1,0..1,5 µm

Schnittparameter
Schnittgeschw. v_c = 2.000 m/min
Span.dicke $h_{cu,max}$ ≈ 20 µm
Schnittlänge $l_{cu,max}$ = 4 mm

Standweg
Anzahl Schnitte L_S = 25.000

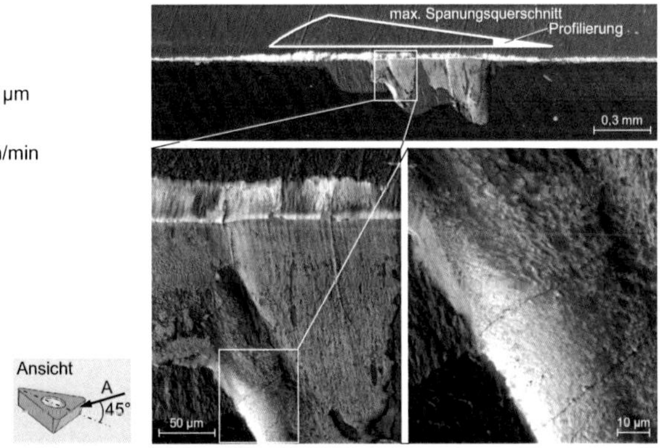

Bild 5.19: Verschleißbild bei mechanischer Überlastung des Werkzeugs

Wear image at mechanical overload of the tool

Nach einem Ausbruch im linken Bereich der Schneidkante liegt am sich nach rechts anschließenden Bereich eine größere Spanungsdicke vor. Dieser Bereich der Schneidkante wird aufgrund dessen ebenfalls stärker belastet und potenziell überlastet. Dieser Effekt kann sich so lange fortsetzen, bis keine kinematische Durchdringung zwischen Werkzeug und Werkstück und somit keine Spanbildung mehr stattfindet.

Anzumerken ist bezüglich der dargestellten Ergebnisse, dass eine Schnittgeschwindigkeit von v_c = 2.000 m/min bereits einen für die Zerspanung mit geometrisch unbestimmter Schneide üblichen Wert annimmt (v_c = 2.000 m/min = 33,3 m/s). Für die

Bearbeitung von Stahl mit geometrisch bestimmter Schneide ist dieser Wert sehr hoch. Ungeachtet dessen müssen derartige Ausbrüche beim Fertigwälzfräsen unbedingt vermieden werden, da sie sich direkt negativ auf die Profilqualität auswirken. Die Serienwerkzeuge, die zur Bildung des Verschleißmodells eingesetzt wurden, weisen im betrachteten Einsatzbereich keine erheblichen Schneidkantenausbrüche auf.

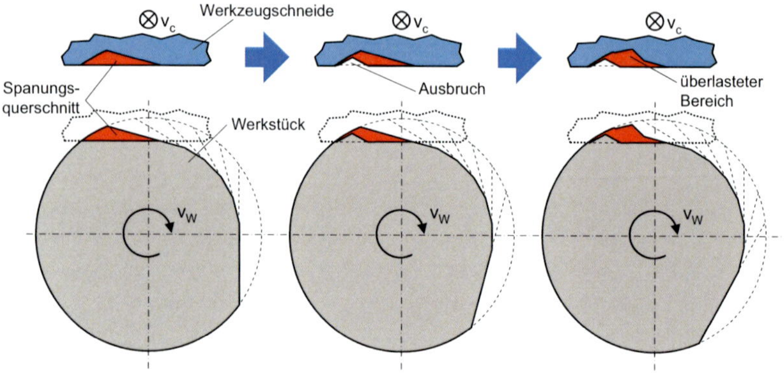

Bild 5.20: Belastungsüberhöhung durch Schneidenausbrüche
Load peak due to chipping

5.2.4 Vergleich des Verschleißbilds mit den lokalen Spanungskenngrößen

Comparison of the Wear Image and the Local Chip Characteristics

Im verwendeten Analogieversuch des Einschneiden-Drehfräsens liegt für jeden Punkt der Werkzeugschneide ein wiederkehrender Spanungsdickenverlauf vor. Dies ermöglicht eine Analyse der Auswirkungen der lokalen Spanungskenngrößen auf den Werkzeugverschleiß. In **Bild 5.21** und **Bild 5.22** ist für beispielhaft ausgewählte Spanungsgeometrien und die Schnittgeschwindigkeitsstufen v_c = 1.000 und 1.500 m/min ein Vergleich des Verschleißverlaufs mit den Kenngrößen maximale Spanungsdicke $h_{cu,max}$ und Schnittbogenlänge l_{cu} dargestellt.

Um die Verschleißausprägung in Span- und Freiflächenrichtung besser beurteilen zu können, ist die Richtung senkrecht zur Schneidkante überhöht dargestellt. Die Ausgangslage der Schneidkante und der theoretische Eingriffsbereich des Werkzeugs sind durch gestrichelte Linien gekennzeichnet. Insbesondere rechts vom theoretisch vorliegenden Eingriffsbereich ist – ähnlich den in Kapitel 5.2.3 dargestellten Auswirkungen mechanischer Überlastung – aufgrund der abwälzenden Kinematik bei erheblichem Werkzeugverschleiß eine verschleißbedingte Vergrößerung der Kontaktzone möglich.

Die Bilder zeigen für alle eingesetzten Werkzeuge unabhängig von den jeweils maximalen vorliegenden Kenngrößen und der Schnittgeschwindigkeit eine ähnliche

Verschleißverteilung entlang der aktiven Schneidkante. Eine Korrelation mit der maximalen Spanungsdicke ist – solange ein stetiger Verschleißfortschritt vorliegt und keine Ausbrüche auftreten – hierbei weder für den Spanflächenverschleiß noch für den Freiflächenverschleiß zu erkennen. In Bezug auf den Spanflächenverschleiß ist dies darauf zurückzuführen, dass die Ausbildung von Kolkverschleiß im Bereich geringer Spanungsdicke im Gegensatz zur Fasenbildung zu einer breiteren Kontaktzone mit der Spanfläche führt (vgl. Bild 5.10).

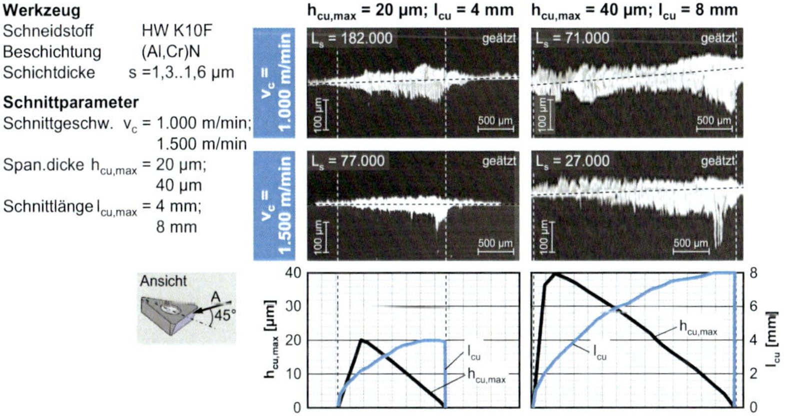

Bild 5.21: Verschleißbild und Spanungskenngrößen I

Wear image and chip characteristics I

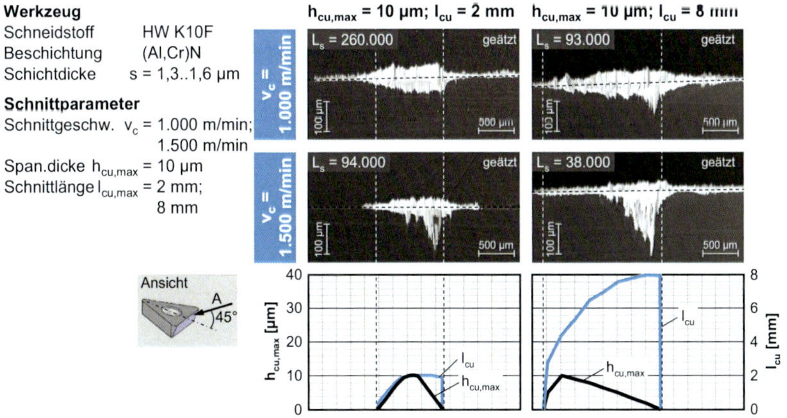

Bild 5.22: Verschleißbild und Spanungskenngrößen II

Wear image and chip characteristics II

Bezogen auf den Freiflächenverschleiß kann festgehalten werden, dass die lange Kontaktdauer, die aus einer großen Schnittbogenlänge resultiert, zusammen mit einer Bearbeitung im Bereich der Grenzspanungsdicke zu einer starken mechanischen und thermischen Belastung der Freifläche führt. Einzig die links in Bild 5.22 betrachtete Spanungsgeometrie weist einen nahezu symmetrischen Verlauf der maximalen Spanungsdicke $h_{cu,max}$ auf, sodass basierend auf einem Vergleich des Verlaufs der Schnittbogenlänge l_{cu} mit den korrespondierenden Verschleißbildern die Schnittbogenlänge als primär verschleißfördernd angesehen werden kann. Erhöhter Verschleiß aufgrund einer Bearbeitung im Bereich der Mindestspanungsdicke scheint auf Basis der guten erzeugten Oberflächen und der Standlängenergebnisse (vgl. Bild 5.15 und Bild 5.18) von untergeordneter Bedeutung zu sein.

5.3 Fazit

Conclusion

Im Analogieversuch Einschneiden-Drehfräsen werden Spanungsgeometrien, die denen beim Fertigwälzfräsen ähnlich sind, erzeugt. Da eine konstante Spanungsgeometrie gebildet wird, können die Auswirkungen definierter Spanungskenngrößen auf das Verschleißverhalten der Werkzeuge analysiert werden. Die Versuchsergebnisse zeigen, dass die Schnittgeschwindigkeit einen entscheidenden Einfluss auf die Geometrie der verschleißenden Schneide und damit auch auf die Spanbildung und die erzeugte Werkstückoberfläche hat. Darüber hinausgehend existiert ein großer Einfluss der Schnittbogenlänge auf die erreichte Anzahl an Schneideneingriffen. Der deutliche Einfluss der Schnittbogenlänge spiegelt sich auch im lokalen Vergleich der Werkzeugbelastung mit dem auftretenden Freiflächenverschleiß wieder.

Die beiden unterschiedlichen verwendeten Werkzeugchargen zeigen große Unterschiede im Einsatzverhalten, sodass ein erhebliches technologisches Optimierungspotenzial durch eine geeignete Oberflächen- und Schneidkantenpräparation zu erwarten ist. Die verwendeten Wendeschneidplatten weisen grundsätzlich mit steigernder Schnittgeschwindigkeit und abnehmender lokaler Spanungsdicke eine zunehmende Auskolkung unmittelbar hinter einer scharfen Schneidkante auf. Je größer die lokale Spanungsdicke wird und je geringer die Schnittgeschwindigkeit ist, desto eher tritt eine Fase an der Schneidkante auf, die bei Erzeugung der endgültigen Werkstückoberfläche zu hohen Rauheitswerten führt.

Während ein durch Abrasion und Diffusion verschleißendes Werkzeug das Standzeitkriterium im Bereich der größten Schnittbogenlänge erreicht, treten Schneidkantenausbrüche primär im Bereich der größten Spanungsdicke und somit auch der größten Schnittkraft auf. Diese können jedoch bei geeigneter Werkzeugpräparation im betrachteten Parameterbereich vermieden werden, wie die eingesetzten Serienwerkzeuge zeigen. Für die verlässliche Modellierung des Verschleißverlaufs abhängig von den geometrischen Parametern und der Schnittgeschwindigkeit ist dies eine wesentliche Voraussetzung. Eine weitere Voraussetzung ist die Charakterisierbarkeit des Verschleißverlaufs anhand dieser Kenngrößen gemäß der eingangs dieses

Kapitels konkretisierten Forschungshypothese 1. Ob diese haltbar ist, werden im Folgenden der Versuch der Modellierung des Werkzeugverschleißes und die Übertragung des Modells auf das Fertigwälzfräsen im Schlagzahnversuch zeigen.

6 Entwicklung eines Prognosemodells für den lokalen Werkzeugverschleiß

Development of a Prognosis Model for the Local Tool Wear

Auf Basis der in Kapitel 5 dargestellten Analogieversuche mit konstanter Spanungsgeometrie wird ein Prognosemodell für den Werkzeugverschleiß beim Fertigwälzfräsen erarbeitet, bei dem unterschiedliche Spanungsgeometrien an sich überlappenden Bereichen der Schneidkante gebildet werden. Zunächst wird hierzu geprüft, inwieweit bestehende Ansätze zur Modellierung des Werkzeugverschleißes im Hinblick auf die vorliegende Aufgabenstellung adaptiert werden können. Im Anschluss wird ein Verschleißmodell für den Analogieversuch entwickelt und die Möglichkeit seiner Anwendung als Prognosemodell für das Fertigwälzfräsen dargestellt. Voraussetzung für die Anwendbarkeit des Modells ist die Charakterisierbarkeit des Verschleißverlaufs anhand der zugrunde liegenden lokalen Spanungsdicken und -längen gemäß der eingangs von Kapitel 5 konkretisierten Forschungshypothese 1.

6.1 Bestehende Verschleißmodelle

Existing Wear Models

Die Vorhersage des Werkzeugverschleißes ist seit Beginn der Industrialisierung von großem Interesse. Von Taylor wurde zu Beginn des 19. Jahrhunderts ein erstes Modell zur Lebensdauerberechnung von Drehwerkzeugen aufgestellt [TAYL06]. Die Thematik ist aufgrund der Vielzahl an Einflussgrößen sehr anspruchsvoll, sodass ist sie bis heute Gegenstand wissenschaftlicher Untersuchungen ist.

Da das von Taylor entwickelte Modell nicht alle Drehoperationen zufriedenstellend abdeckt, gliedert Ojha etwa einhundert Jahre später den Betrachtungsbereich des Modells in Teilbereiche, für die er jeweils eine Gleichung aufstellt. Da dieses Vorgehen eine große Anzahl an Zerspanversuchen erfordert, wendet er nach Kohli und Dixit ein neuronales Netz an, um den Versuchsaufwand zu reduzieren und mit einer Regressionsanalyse bessere Ergebnisse erzielen zu können [OJHA05].

Für den kontinuierlichen Schnitt existieren heute auch Verschleißmodelle, die unter Zuhilfenahme der Finite-Elemente-Methode (FEM) eine Bestimmung des Werkzeugverschleißes von unbeschichteten Hartmetallwerkzeugen aufgrund von Diffusion und Adhäsion ermöglichen [ATTA08; YEN04; LI99; LI97]. Hierbei wird mithilfe der FEM für die Kontaktzone des Werkzeugs mit dem Werkstück eine Temperaturverteilung bestimmt, aus der sich die Verschleißrate für ein finites Zeitintervall ergibt. Aus dieser Verschleißrate wird der Werkzeugverschleiß bestimmt, der zu einer Neuberechnung der Schneidengeometrie für den nächsten Schritt herangezogen wird.

Dieses Modell wurde bisher nur für die kontinuierliche Zerspanung mit unbeschichteten Werkzeugen angewendet. Unterhalb einer Zerspantemperatur von etwa 760 °C hat abrasiver Verschleiß dabei einen großen Einfluss auf den Gesamtverschleiß, der im Modell nicht berücksichtigt wird, sodass in diesem Temperaturbereich starke Abweichungen von experimentellen Ergebnissen entstehen [ATTA08]. Aufgrund der großen Temperaturunterschiede und dem signifikanten Anteil abrasiven Verschleißes ist das Modell für den unterbrochenen Schnitt nur schwer anwendbar. Zudem wurde eine Hartstoffbeschichtung, die eine bessere Warmverschleißfestigkeit als der Schneidstoff aufweist, bisher nicht berücksichtigt.

Für das Wälzfräsen bestehen derzeit Verschleißmodelle, die auf einer Kombination von Durchdringungsrechnungen mit empirischen Untersuchungen beruhen, vgl. Kapitel 2.4.2 [BOUZ02; MUND92; BOUZ81b]. Aufgrund der komplizierten Spanbildung bei der Vorbearbeitung ist hierzu jedoch entweder eine Klassifizierung der auftretenden Späne [BOUZ02] oder der Vergleich mit anderen Verzahnungsfällen [MUND92] erforderlich. Die Finite-Elemente-Methode wurde beim Wälzfräsen bisher einerseits zur Ermittlung von Spannungen und Temperaturen im Werkzeug und andererseits zur Vorhersage von Spankollisionen genutzt [BOUZ08; BOUZ05, BOUZ88]. Eine Vorhersage des Werkzeugverschleißes beim Wälzfräsen durch die FEM wurde bisher nicht erreicht.

Insgesamt bestehen viele Ideen zur Verschleißvorhersage, jedoch existiert derzeit kein praxistaugliches Model, das auf das Fertigwälzfräsen übertragen werden könnte und die erforderlichen Ergebnisse liefert.

6.2 Modellbildung

Modeling

Im Gegensatz zur Vorbearbeitung durch Wälzfräsen liegt bei der Zahnflankenbearbeitung durch Fertigwälzfräsen über der Spanbreite eine konstante Schneidkeilgeometrie vor. Die auftretenden Spanungsgeometrien sind im Vergleich zur Vorbearbeitung durch Wälzfräsen einfach. Spanablaufbehinderungen aufgrund von Profilradien der Schneide liegen nicht vor. Diese Randbedingungen sprechen dafür, dass ein empirischer Modellansatz basierend auf den in Kapitel 5 dargestellten Analogieversuchen zielführend sein kann.

Gegen die Verwendung der Finite-Elemente-Methode für eine Verschleißvorhersage beim Fertigwälzfräsen spricht, dass bisher mit dieser Methode noch keine Verschleißvorhersage für hartstoffbeschichtete Werkzeuge vorgenommen wurde und in den bisherigen Veröffentlichungen Abrasionsverschleiß nicht berücksichtigt wurde. Beides ist beim Fertigwälzfräsen von großer Relevanz. Zudem führen die unterschiedlichen, in allen geometrischen Dimensionen veränderlichen Späne zu einem erheblichen Rechenaufwand, sodass die Anwendung der FEM auf das Fertigwälzfräsen nicht praxistauglich ist.

Für diese Arbeit wird ähnlich dem Ansatz von Mundt [MUND92] auf Basis der Analogieversuche eine Einflussanalyse der geometrischen Parameter der Spanungsgeometrien vorgenommen. Mithilfe einer Regressionsanalyse wird eine mathematische Beschreibung der technologischen Zusammenhänge gesucht. Da das Modell auf geometrischen Kenngrößen beruht, ist eine direkte Übertragbarkeit auf das Fertigwälzfräsen theoretisch möglich.

6.2.1 Regressionsanalyse

Regression Analysis

Um ein mathematisches Modell generieren zu können, müssen die Eingangsgrößen (Faktoren, im mathematischen Sinne: unabhängige Variablen) und die Ausgangsgrößen (Zielgrößen, im mathematischen Sinne: abhängige Variablen) in Beziehung gesetzt werden. Durch eine Signifikanzanalyse können starke und schwache Abhängigkeiten der Zielgröße von den einzelnen Faktoren ermittelt werden. Anschließend wird ein funktionaler Zusammenhang zwischen den relevanten Faktoren und den Zielgrößen entwickelt. Hierzu kommt die Regressionsanalyse zur Anwendung.

Bei einer Regressionsanalyse wird eine Kausalbeziehung zwischen einer abhängigen Variable und einer oder mehreren unabhängigen Variablen untersucht. Mathematisch kann die Beziehung dargestellt werden als

$$y = f(x_1, x_2, ..., x_n) + \varepsilon \tag{6.1}$$

wobei y die abhängige Variable und x_i die unabhängigen Variablen bezeichnet. Da die Daten statistisch streuen, ist ein eindeutiger funktionaler Zusammenhang nicht zu bestimmen. Die Funktion muss daher so angepasst werden, dass alle Punkte erfasst werden können. Dazu wird zum Funktionswert ein zufälliger Fehlerterm, die Störgröße ε addiert. Das Ziel der Regressionsanalyse besteht darin, die Parameter der Regressionsfunktion so zu schätzen, dass die Summe der quadrierten Abweichungen zwischen dem tatsächlichen Wert der Beobachtung und dessen geschätztem Wert y minimiert wird. Dies wird als Methode der kleinsten Quadrate bezeichnet. Die Untersuchung der Wirkung einer unabhängigen Variable wird als einfache Regression, die Untersuchung der Wirkung mehrerer unabhängiger Variablen als multiple Regression bezeichnet [FAHR09].

Um die Güte der Regression zu bestimmen, wird das Bestimmtheitsmaß R^2 verwendet. Das Bestimmtheitsmaß beschreibt, welcher Anteil der Varianz der zugrunde liegenden Datenmenge durch die Regressionsgleichung abgebildet werden kann und nimmt Werte zwischen 0 und 1 an. Je näher R^2 bei 1 liegt, desto kleiner ist die Quadratsumme der Abweichungen, d. h., desto besser wird die Datenmenge abgebildet [FAHR09].

6.2.2 Anforderungen an das Modell

Demands on the Model

Die Aufgabe des Verschleißmodells ist, mithilfe der Datenbasis der Analogie-Zerspanversuche (vgl. Kapitel 5) unter den in Kapitel 4 definierten Randbedingungen eine zeitlich entlang der Schneidkante aufgelöste Prognose des Verschleißzustands eines Werkzeugs zum Fertigwälzfräsen zu ermöglichen, **Bild 6.1**. Als Verschleißzustand wird hierbei die vorliegende Verschleißmarkenbreite verstanden. Um diese

Prognose zu ermöglichen, ist eine mathematische Beschreibung der Korrelation zwischen der Werkzeugbelastung aufgrund der Schnittbedingungen und dem Werkzeugverschleißverhalten erforderlich. Da die beim Wälzfräsen übliche Bestimmung des Standwegs als verzahnte Länge nicht auf den durchgeführten Analogieprozess übertragen werden kann, ist eine geeignete Messgröße für die Werkzeuglebensdauer zu definieren, die beiden Zerspanprozessen gerecht wird. Als Eingangsgrößen zur Ermittlung einer Verschleißprognose sind neben der Schnittgeschwindigkeit entlang der Schneidkante aufgelöste geometrische Spanungskenngrößen erforderlich. Diese können für den Analogieversuch mit einer CAD-Software und für das Fertigwälzfräsen mithilfe der Software SPARTApro (vgl. Kapitel 4.2) bestimmt werden.

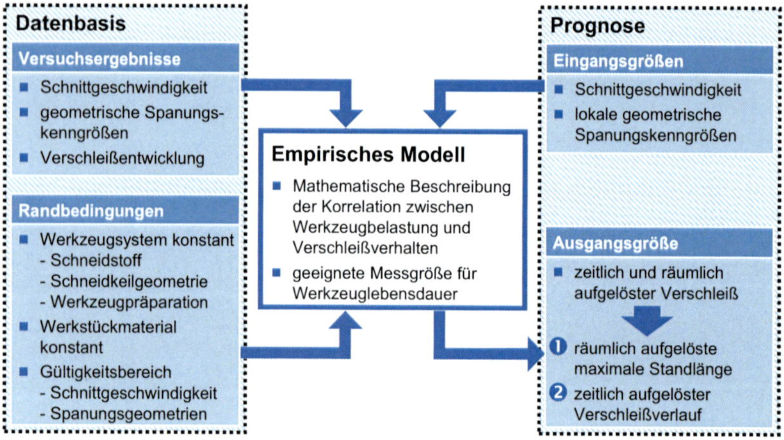

Bild 6.1: Randbedingungen des Modells

Boundary conditions of the model

Aufgrund der grundsätzlichen Ähnlichkeit aller Verschleißkurven kann die Ausgangsgröße des Modells in zwei separat voneinander zu betrachtende Ausgangsgrößen unterteilt werden, vgl. Bild 6.1. Die erste Ausgangsgröße ist die von den einzelnen Schneidkantenabschnitten erreichbare maximale Standlänge bei vorgegebenem Verschleißkriterium. Das Minimum dieser Kenngröße ergibt die erreichbare Werkzeugstandlänge. Die zweite Ausgangsgröße ist der zeitlich aufgelöste Verschleißverlauf, der basierend auf der Standlängenvorhersage für die einzelnen Abschnitte der Schneidkante bestimmt werden kann. Aus der Kombination beider Ausgangsgrößen kann der Verschleißzustand des Werkzeugs zu einem beliebigen Zeitpunkt bestimmt werden.

Die beiden unterschiedlichen Ausgangsgrößen werden im Folgenden in zwei Modellen separat voneinander betrachtet.

6.2.3 Modellierung der Standlänge

Modeling of the Tool Life

In den Analogieversuchen wurden die Parameter Schnittgeschwindigkeit, Spanungsdicke und Schnittbogenlänge variiert. Die qualitativen Betrachtungen in Kapitel 5 zeigen, dass die Schnittgeschwindigkeit und Schnittbogenlänge deutliche Einflüsse auf die erzielte Standlänge haben, während der Einfluss der Spanungsdicke indifferent ist, vgl. Bild 5.15 und Bild 5.18.

Zur Bestimmung einer geeigneten Zielgröße, der relevanten Faktoren und geeigneter Funktionen wurden unterschiedliche Regressionsrechnungen mit physikalisch plausiblen Funktionen durchgeführt. Für die Modellierung des Einflusses der Schnittgeschwindigkeit wird mit einem exponentiellen Ansatz eine gute Korrelation erreicht. Das Ergebnis der Modellierung ist in **Bild 6.2** den Versuchsergebnissen gegenübergestellt. Abweichend von Taylor, der Standzeit und Schnittgeschwindigkeit im doppelt logarithmischen System als angenäherte Gerade darstellt [TAYL06], ist hier die Anzahl Schnitte mit der Schnittgeschwindigkeit im einfach logarithmischen System in Beziehung gesetzt. Für das Prognosemodell ist weniger entscheidend, wie lange das Werkzeug hält, sondern welche Standlänge (oder Anzahl Schnitte) dabei erreicht wird.

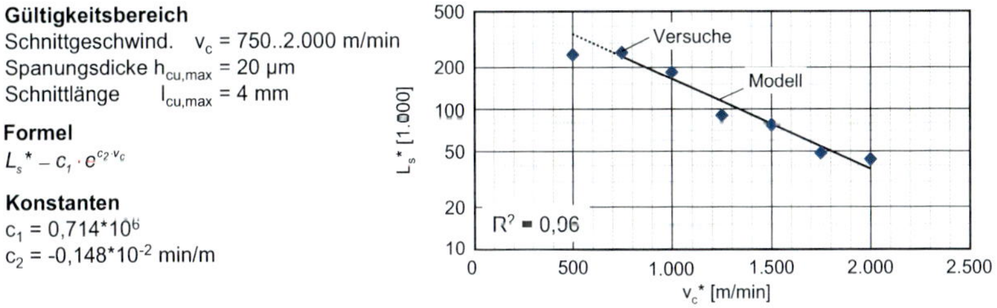

Bild 6.2: Modell der Standlänge abhängig von der Schnittgeschwindigkeit

Model of tool life depending on the cutting speed

Wie bereits in Kapitel 5.2.2 gezeigt wurde, weicht das Verschleißverhalten des Werkzeugs, das bei v_c = 500 m/min eingesetzt wurde, von den Versuchen bei höherer Schnittgeschwindigkeit ab, vgl. Bild 5.11. Die Ursache hierfür liegt im Auftreten adhäsiven Verschleißes, der zu einer Verschleißausprägung mit rauer Oberfläche führt, die von den Versuchen bei höherer Schnittgeschwindigkeit abweicht. Diese Abweichung zeigt sich auch in einer gegenüber dem Werkzeugeinsatz bei v_c = 750 m/min reduzierten Anzahl an Schnitten L_S*.

Da die Schnittgeschwindigkeit von v_c = 500 m/min deutlich unterhalb des Bereichs einer HSC-Bearbeitung liegt (vgl. Kapitel 2.5.1), wird auf die Berücksichtigung des hier auftretenden Adhäsionsverschleißes bei der Modellierung des Verschleißverhaltens verzichtet. Der Gültigkeitsbereich des Verschleißmodells wird entsprechend auf den Schnittgeschwindigkeitsbereich von v_c = 750 bis 2.000 m/min festgelegt. In diesem Bereich wird mit dem exponentiellen Modellansatz ein sehr gutes Bestimmtheitsmaß von $R^2 = 0{,}96$ erreicht.

Für die weiteren Betrachtungen hat sich die kumulierte Schnittbogenlänge ($l_{cu,kum}$), also die Summe aller Schnittbogenlängen, die an einem Punkt der Schneide über der Standlänge auftreten, als sinnvolle Messgröße der Werkzeug-Lebensdauer und somit Zielgröße der Regressionsanalyse erwiesen. Mit diesem Wert wird einerseits eine gute Korrelation des Modells mit den Versuchspunkten erreicht. Andererseits ist mithilfe der Software SPARTApro eine Übertragung auf die beim Wälzfräsen gängige Standlängenbestimmung als verzahnte Gesamt-Lückenlänge möglich. Im Folgenden werden Berechnungsergebnisse auf Basis des Modells mit dem angehängten Index ‚0' bezeichnet, um diese von den Messwerten als unmittelbaren Versuchsergebnissen zu unterscheiden.

Neben der Schnittgeschwindigkeit wurden in Regressionsanalysen die Einflüsse der Schnittbogenlänge und der Spanungsdicke untersucht. Eine Betrachtung weiterer Größen, wie beispielsweise des lokalen bezogenen Spanungsvolumens hat sich als nur bedingt geeignet erwiesen, da dieser Wert als Integral der Spanungsdicke über die Schnittbogenlänge von beiden abhängig ist.

Die multiple Regression hat, wie schon die Betrachtungen in Kapitel 5.2 erwarten lassen, keinen eindeutigen, signifikanten Einfluss der Spanungsdicke auf das Standlängenergebnis ergeben. Hinsichtlich des Einflusses der Schnittbogenlänge ist zu erwarten, dass mit zunehmender Schnittbogenlänge eine degressive Standlängenzunahme bis zum Erreichen eines Grenzwerts vorliegt, der einem kontinuierlichen Schnitt entspricht. Im betrachteten Bereich wird dieser Zusammenhang mit einer Potenzfunktion gut nachgebildet, **Bild 6.3**.

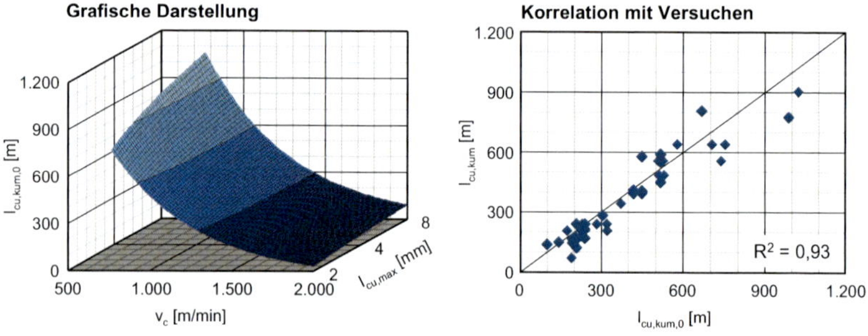

Formel

$$l_{cu,kum,0} = c_1 \cdot \left(\frac{l_{cu,max}}{[mm]}\right)^{c_2} \cdot e^{c_3 \cdot v_c}$$

Konstanten
$c_1 = 0{,}292 \cdot 10^4$ m
$c_2 = 0{,}197$
$c_3 = -0{,}189 \cdot 10^{-2}$ min/m

Gültigkeitsbereich
Schnittgeschwindigkeit v_c = 750..2.000 m/min
Spanungsdicke $h_{cu,max}$ = 10..40 µm
Schnittbogenlänge $l_{cu,max}$ = 2..8 mm

Bild 6.3: Standlängenmodell

Tool life model

Der Verlauf der modellierten kumulierten Schnittbogenlänge $l_{cu,kum,0}$ über den Faktoren Schnittgeschwindigkeit und Schnittbogenlänge ist im Bild zusammen mit der Korrelation der Modellergebnisse mit den Messergebnissen dargestellt. Mit dem erarbeiteten formelmäßigen Zusammenhang wird unter Einbeziehung aller Versuchsergebnisse im Gültigkeitsbereich ein Bestimmtheitsmaß von $R^2 = 0{,}93$ erreicht. Aufgrund der statistischen Einflüsse, die bei der Zerspanung auftreten, ist dieser Wert als gut zu bezeichnen.

6.2.4 Modellierung des Verschleißverlaufs

Modeling of the Wear Development

Ein typischer Verlauf des Freiflächenverschleißes ist durch einen degressiven Einlaufverschleiß zu Beginn, einen annähernd linear ansteigenden Verschleißbereich und einen abschließenden progressiven Verschleißanstieg gekennzeichnet. Dieser Verlauf wird durch einen kubischen Ansatz näherungsweise wiedergegeben. Um den Verschleißverlauf modellieren zu können, wird für die durchgeführten Versuche eine normierte Gesamt-Schnittbogenlänge l_{norm} als Laufvariable mit

$$l_{norm} = \frac{L}{L^*} = \frac{L_S}{L_S^*} \qquad (6.2)$$

eingeführt, die einen Wertebereich von 0 bis 1 aufweist. Ebenso wird die Verschleißmarkenbreite auf denselben Wertebereich normiert ($VB_{max,norm}$ für Versuchsergebnisse bzw. $VB_{norm,0}$ für das Modell).

Bei einem Standweg von $l_{norm} = 0$ liegt eine theoretische Verschleißmarkenbreite von $VB_{norm,0} = 0$ vor. In der Praxis liegen jedoch bereits im Ausgangszustand kleine Schneidkantenfehler vor, sodass der Verschleißzustand vor Beginn der Bearbeitung nicht exakt definiert ist. Nach einem Standweg von $l_{norm} = 1$ hingegen liegt definitionsgemäß eine maximale Verschleißmarkenbreite von $VB_{norm,0} = 1$ vor, die als Randbedingung in die Modellbildung eingeht.

Für die Modellbildung wurden die Verschleißmesspunkte aller Verschleißkurven berücksichtigt. Da die Schnittgeschwindigkeit einen signifikanten Einfluss auf den Verschleißverlauf hat, wird sie als Faktor in das Modell aufgenommen.

Das resultierende Modell des Verschleißverlaufs sowie die Korrelation des Modells mit den Messpunkten ist in **Bild 6.4** dargestellt. Für das Modell ergibt sich ein Bestimmtheitsmaß von $R^2 = 0{,}93$. Die Formel des Modells basiert auf der Anwendung multipler Koordinatentransformationen und ist in der Darstellung so zusammengefasst, dass der kubische Charakter hinsichtlich des Einflusses der Standwegkoordinate l_{norm} deutlich wird. Die Schnittgeschwindigkeit v_c geht mit der reziproken Wurzel als Steigung des linearen Verschleißbereichs in das Modell ein. Durch $c_1 + c_3 + c_4 + c_5 = 1$ ist die Randbedingung

$$VB_{norm,o}(l_{norm} = 1) := 1 \qquad (6.3)$$

erfüllt.

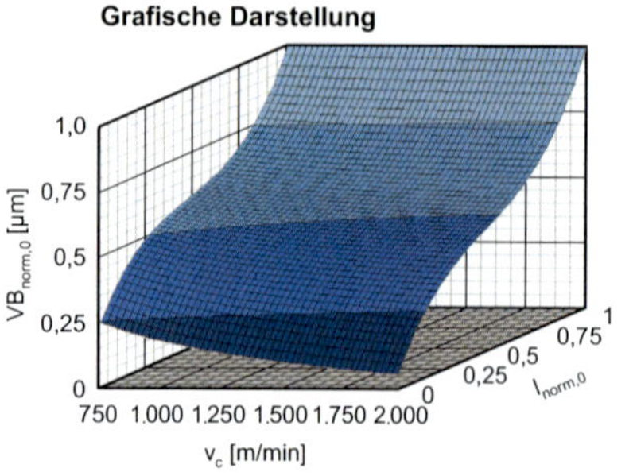

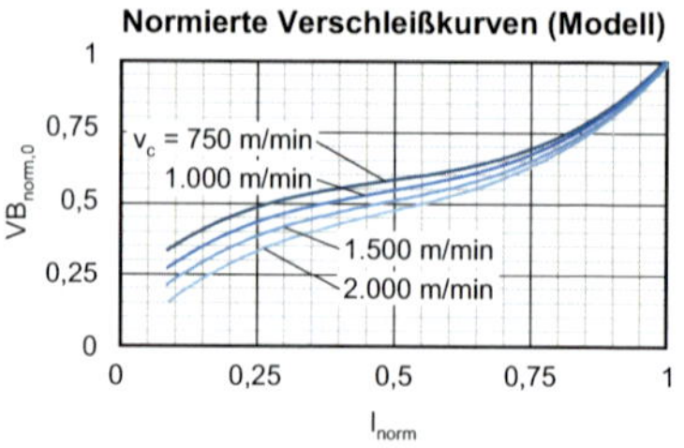

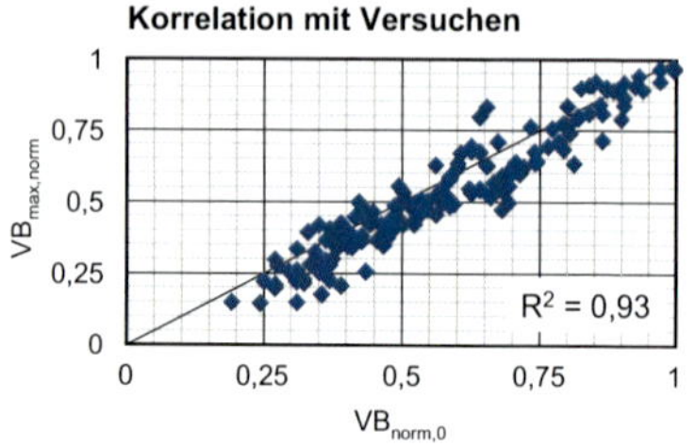

Formel

$$VB_{norm,0} = c_1 + c_2 \cdot \frac{1 - l_{norm}}{\sqrt{v_c \cdot [\frac{min}{m}]}} + c_3 \cdot l_{norm} + c_4 \cdot {l_{norm}}^2 + c_5 \cdot {l_{norm}}^3$$

Konstanten

$c_1 = -0{,}270$
$c_2 = 0{,}130 \cdot 10^2$
$c_3 = 0{,}219 \cdot 10^1$
$c_4 = -0{,}296 \cdot 10^1$
$c_5 = 0{,}204 \cdot 10^1$

Gültigkeitsbereich

Schnittgeschwindigkeit v_c = 750..2.000 m/min
Spanungsdicke $h_{cu,max}$ = 10..40 µm
Schnittbogenlänge $l_{cu,max}$ = 2..8 mm

Bild 6.4: Modell der Verschleißentwicklung
Wear development model

Mit den dargestellten Modellen zur Bestimmung der Standlänge und des Verschleißverlaufs kann für eine bekannte Spanbildung innerhalb des Gültigkeitsbereichs der Modelle der Verschleißverlauf an einem Punkt eines Zerspanwerkzeugs vorhergesagt werden.

6.3 Anwendung der Modelle auf das Fertigwälzfräsen

Applying the Models on Gear Finish Hobbing

Für die Anwendung der Modelle auf das Fertigwälzfräsen ist die Ermittlung der auftretenden Spanungsgeometrien beispielsweise mit der Software SPARTApro erforderlich. Anhand der maximal entlang der Schneidkante vorliegenden Schnittbogenlänge kann aus dem Standlängenmodell die bei Erreichen des Standkriteriums vorliegende kumulierte Schnittbogenlänge $l_{cu,kum,0}$ bestimmt werden, **Bild 6.5**. In Kombination mit der von SPARTApro für das Fertigwälzfräsen ermittelten gesamten Schnittbogenlänge je Bauteil bzw. je Meter Verzahnung kann eine theoretische Standlänge $L_0(s)$ entlang der Schneidkante (s) errechnet werden. Für nicht an der Zerspanung beteiligte Bereiche des Werkzeugs ergibt sich hierbei eine Standlängenprognose von unendlich. Der Minimalwert $L_{0,min}$ entspricht der errechneten Standlänge des gesamten Werkzeugs.

Aus der dargestellten Standlängenprognose kann mit dem Modell der Verschleißentwicklung (vgl. Bild 6.4) zu jedem Zeitpunkt eine Prognose der entlang der

Schneidkante vorliegenden Verschleißmarkenbreite $VB_0(s)$ ermittelt werden, **Bild 6.6**. Hierzu wird für jede Position auf der Schneidkante (s) und jeden Standweg zwischen 0 und $L_{0,min}$ analog zu Formel 6.2 ein maximaler normierter Gesamt-Standweg $l_{norm,max}(s)$ bei Standzeitende des Werkzeugs mit

$$l_{norm,max}(s) = \frac{L_{0,min}}{L_0(s)}. \tag{6.4}$$

ermittelt.

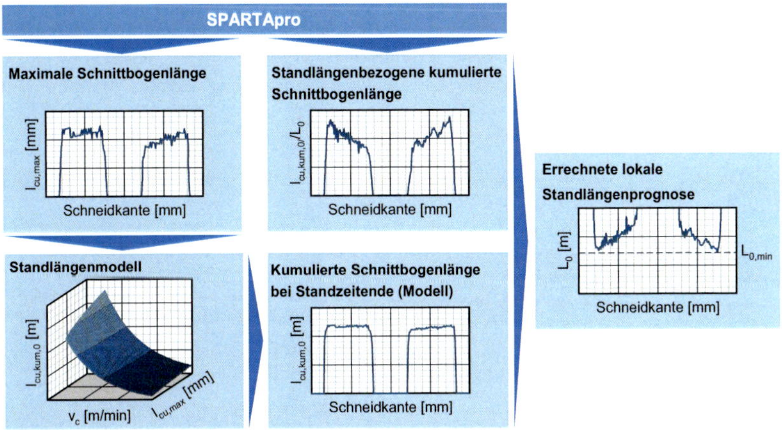

Bild 6.5: Ermittlung der lokalen Standlängenprognose für das Fertigwälzfräsen
Determination of the local wear prognosis for gear finish hobbing

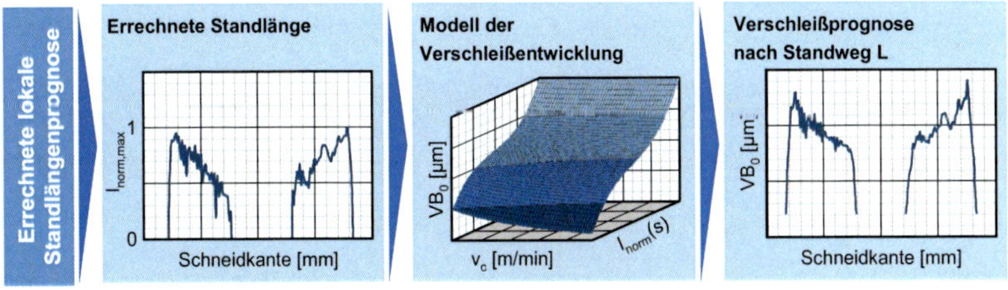

Bild 6.6: Ermittlung der lokalen Prognose der Verschleißmarkenbreite
Determination of the local flank wear width prognosis

Basierend hierauf kann nun für jeden Zeitpunkt des Werkzeugeinsatzes, definiert durch den Standweg L mit $L \leq L_{0,min}$, der normierte lokale Standweg $l_{norm}(s)$ entlang der Schneidkante bestimmt werden:

$$l_{norm}(s) = \frac{L}{L_{0,min}} \cdot l_{norm,max}(s) = \frac{L}{L_0(s)}. \tag{6.5}$$

Auf Basis dieses Werts ergibt sich mithilfe des modellierten normierten Verschleißverlaufs eine lokale Verschleißprognose, vgl. Bild 6.6.

6.4 Fazit

Conclusion

Auf Basis der durchgeführten Analogieversuche konnte ein Standlängenmodell entwickelt werden, welches auf das Fertigwälzfräsen angewendet werden kann. Mithilfe der durchgeführten Regressionsanalysen wurden dabei die Schnittgeschwindigkeit und die Schnittbogenlänge als standlängenrelevante Faktoren identifiziert. Auf Basis der Versuchsergebnisse konnte darüber hinaus das Modell einer normierten, schnittgeschwindigkeitsabhängigen Verschleißentwicklung erarbeitet werden. Unter Zuhilfenahme beider Modelle und der Software SPARTApro bzw. einer anderweitigen Spanungsgeometrieberechnung kann die lokale Verschleißentwicklung von Werkzeugen zum Fertigwälzfräsen vorhergesagt werden. Die Güte der Verschleißvorhersage bedarf der Überprüfung im Zerspanversuch.

Die gute Korrelation der erarbeiteten Modelle mit den Versuchsergebnissen bestätigt die eingangs von Kapitel 5 formulierte Forschungshypothese 1 der Vorhersagbarkeit des Werkzeugverschleißes unter definierten Randbedingungen mithilfe der Kennwerte Spanungsdicke, Schnittbogenlänge und Schnittgeschwindigkeit für die Anwendung im Analogieversuch. Die Aussagekraft des erarbeiteten Modells für das Fertigwälzfräsen und somit die Richtigkeit von Hypothese 4 (vgl. Kapitel 3) wird im Folgenden überprüft.

7 Fertigwälzfräsen im Schlagzahnversuch

Gear Finish Hobbing with a Fly-Cutter

Das in Kapitel 6 erarbeitete Prognosemodell ermöglicht eine Vorhersage des Verschleißverhaltens von Werkzeugen zum Fertigwälzfräsen auf Basis von Analogie-Zerspanversuchen. Die Güte der Verschleißvorhersage wird im Folgenden anhand von Schlagzahn-Wälzfräsversuchen untersucht. Hierbei werden unterschiedliche geometrische Werkzeugauslegungen nachgebildet und die Bearbeitungsparameter Schnittgeschwindigkeit, Axialvorschub und Schlichtzustellung sowie die Bearbeitungsrichtung variiert. Darüber hinaus wird der Versuch einer Optimierung des Werkzeugverschleißverhaltens im Hinblick auf eine über dem Standweg des Verzahnwerkzeugs konstante Verzahnungsgeometrie unternommen. Die Basis hierfür bilden die in Kapitel 3 formulierten Forschungshypothesen 2 und 3:

2. *Änderungen des erzeugten Werkstückprofils über der Standzeit sind auf den Schneidkantenversatz in Richtung Spanfläche zurückzuführen und daher mithilfe eines Verschleißmodells prognostizierbar.*
3. *Die geometrischen Randbedingungen des Prozesses können modellbasiert so modifiziert werden, dass eine Optimierung des Verschleißverhaltens möglich wird.*

7.1 Schlagzahn-Wälzfräsversuch für das Fertigwälzfräsen

Fly Cutter Trial for Gear Finish Hobbing

Im Schlagzahnversuch wird die Bearbeitung mit einem Wälzfräser durch einen einzelnen Zahn nachgebildet. Hierzu ist ein kontinuierlicher Shiftvorschub des Zahns in Richtung seiner Rotationsachse erforderlich. Der Axialvorschub (in Richtung der Werkstückachse) erfolgt dabei diskontinuierlich jeweils nach einem Shiftdurchgang. Die realistische Abbildung des Verschleißverhaltens geshifteter Wälzfräser im Schlagzahnversuch konnte bereits nachgewiesen werden, sodass der Schlagzahnversuch in vielen vorangehenden Untersuchungen zur Schruppbearbeitung verwendet wurde [WINK05a; KLEI03; KOBI02; KNOE96]. Der Einsatz wesentlich einfacherer Werkzeuggeometrien erleichtert die optische Untersuchung des Schlagzahns mithilfe des Licht- oder Rasterelektronenmikroskops sowie eine taktile Vermessung der Schneidkantengeometrie.

Für die Zerspanversuche wird die bereits zur Durchführung der Analogieversuche in Kapitel 5 verwendete Wälzfräsmaschine verwendet. Um die Vor- und Fertigbearbeitung mit separatem Werkzeug und gleichzeitig referenzierter Lage der Werkzeugzähne zueinander zu ermöglichen, ist auf einem Fräsdorn sowohl ein Schrupp-Wälzfräser als auch ein Schlagzahn montiert, **Bild 7.1**. Der Schrupp-Wälzfräser weist eine Protuberanz mit einem Betrag von pr_{p0} = 240 µm auf, die je nach Zustellung des Fertigfräswerkzeugs eine mehrmalige Schlichtbearbeitung ermöglicht, bevor der Kopf des Schlichtwerkzeugs mit dem Fuß der Verzahnung in Kontakt kommt. Da die Verzahnung nun eine Lückengeometrie ohne Protuberanz aufweist, können am selben Werkstück weitere Zerspanuntersuchungen zur Bearbeitung des vollständigen Zahnlückenprofils durchgeführt werden.

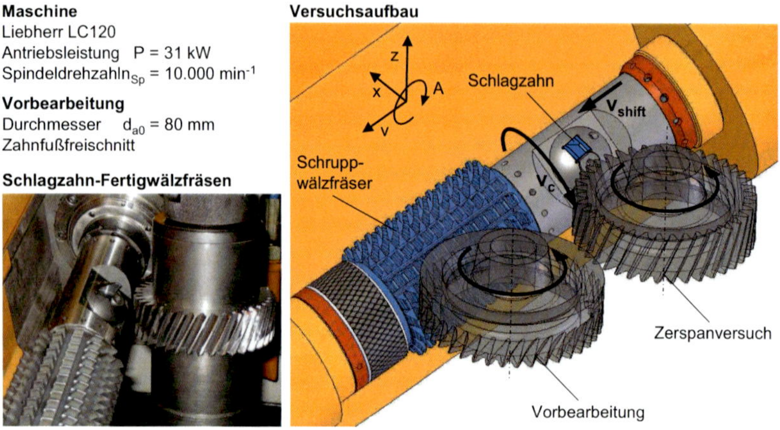

Bild 7.1: Fertigwälzfräsen im Schlagzahn-Prozess

Gear finish hobbing with a fly-cutter

Herstellungsbedingt entspricht das Profil der für die Versuche verwendeten Schlagzähne einem Zahnstangenbezugsprofil. Dem gegenüber entsprich das Profil eines Wälzfräsers aufgrund seines Steigungswinkels dem einer ZI-Schnecke mit balligen Flanken. Um die Abweichung des vorliegenden Schlagzahnprofils vom theoretisch benötigten Wälzfräserprofil möglichst gering zu halten, wird entgegen der industriellen Praxis ein Werkzeug mit einer effektiven Spannutenzahl von $n_{i,eff} = 8$ eingängig mit $n_i = 8$ Spannuten für den Referenzversuch (vgl. Kapitel 4.2) ausgelegt. Die direkte Vergleichbarkeit der Spanbildung mit industriell üblichen, mehrgängigen Werkzeugen wurde anhand von Simulationsrechnungen sichergestellt. Aus der geänderten Werkzeugauslegung resultieren nur minimale Abweichungen der betrachteten Kenngrößen.

Um basierend auf den Analogieversuchen Standlängenvorhersagen für den Schlagzahn-Fertigwälzfräsversuch und das Fertigwälzfräsen treffen zu können, müssen die stofflichen und mikrogeometrischen Eigenschaften der unterschiedlichen Werkzeuge idealerweise identisch sein. Selbiges gilt für das zu bearbeitende Werkstückmaterial.

Die Schneidkantenverrundung der unterschiedlichen Werkzeugtypen im beschichteten Zustand ist mit etwa $r_\beta = 9$ bzw. 7 µm vergleichbar, **Bild 7.2**. Aufgrund der unterschiedlichen Aufspannung der Werkzeuge in der Beschichtungskammer weicht die Schichtdickenverteilung der Schlagzähne von der der im Analogieversuch eingesetzten Wendeschneidplatten ab. Im Gegensatz zu den Wendeschneidplatten ist die Schichtdicke der Schlagzähne auf der Spanfläche größer als auf der Freifläche. Die für die Freifläche ermittelte Schichtdicke ist mit s = 0,8 µm vergleichsweise gering, woraus Unterschiede im Verschleißverhalten resultieren können.

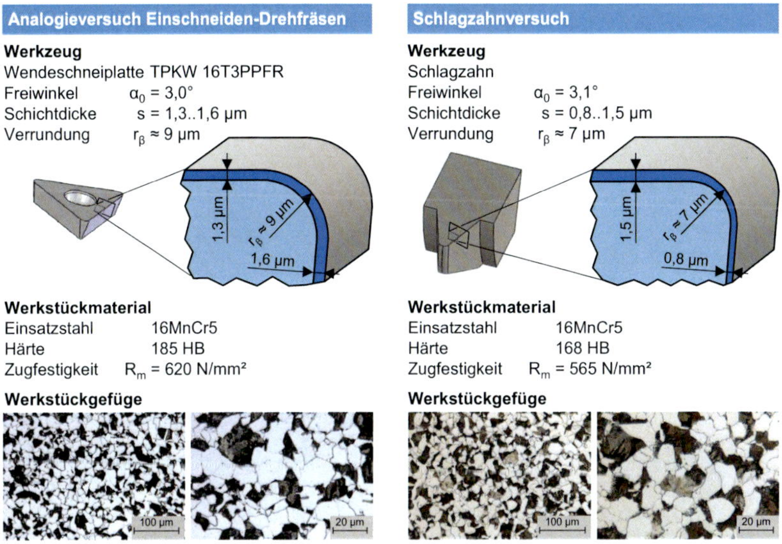

Bild 7.2: Werkzeug- und werkstückseitige Randbedingungen des Schlagzahnversuchs im Vergleich zum Analogieversuch

Tool and workpiece specifics of the fly-cutting trial compared to the analogy cutting trial

Die für die unterschiedlichen Versuche verwendeten Werkstücke entsprechen beide der Spezifikation eines Stahls der Sorte 16MnCr5N. Das im Schliffbild dargestellte, normalisierte Gefüge ist für beide Werkstoffe vergleichbar. Die Härte der im Analogieversuch zerspanten Zylinder ist etwas größer als die der zu verzahnenden Werkstücke. Signifikante Auswirkungen auf das Verschleißverhalten der Werkzeuge sind hierdurch nicht zu erwarten.

7.2 Zerspanuntersuchungen im Schlagzahnversuch

Cutting Investigations by Fly-Cutting Trials

Im Folgenden sind die Ergebnisse der Schlagzahnversuche dargestellt. Zunächst werden die Möglichkeiten einer Beeinflussung und Optimierung des Fertigbearbeitungsprozesses für eine definierte theoretische Zahnflankentopografie im Sinne konstanter Vorschubmarkierungen und Hüllschnittabweichungen dargestellt. Hierzu wird die in Kapitel 4.2 verwendete Referenz-Topografie verwendet. Im Anschluss werden auch die genannten prozessbedingten Geometrieabweichungen der Zahnflanken in die Betrachtungen einbezogen.

7.2.1 Herstellung einer definierten Zahnflankentopografie

Machining of a Defined Flank Topography

Das Standzeitergebnis eines bei einer Schnittgeschwindigkeit von v_c = 1.000 m/min durchgeführten Schlagzahnversuchs ist in **Bild 7.3** dargestellt. Als Standkriterium ist für die Zerspanversuche zum Fertigwälzfräsen eine maximale Verschleißmarkenbreite von VB_{max} = 0,1 mm definiert. Bei der Annäherung an diesen Bereich zeigt das verwendete Werkzeug einen progressiven Verschleißanstieg nach zuvor sehr gleichmäßigem und geringem Verschleißzuwachs. Das Standzeitende wird nach einem Werkzeugstandweg von etwa L = 95 m erreicht.

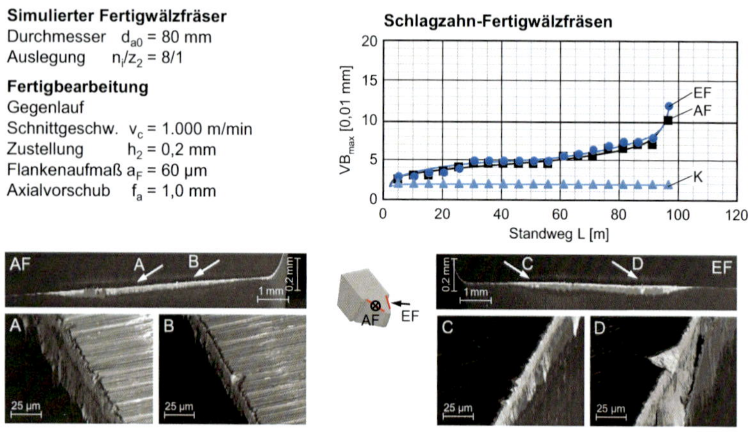

Bild 7.3: Standzeitverhalten beim Fertigwälzfräsen im Gegenlauf

Performance in conventional finish gear hobbing

Wie aufgrund der in Kapitel 4.2 dargestellten, symmetrischen Werkzeugbelastung zu erwarten ist, ist der Verschleißanstieg an beiden Zahnflanken sehr gleichmäßig. Der Zahnkopf kommt aufgrund der Aufmaßgeometrie nur bei jedem vierten Bearbeitungsvorgang geringfügig mit den von der Vorbearbeitung verbleibenden Vorschubmarkierungen in Kontakt und weist daher keinen signifikanten Verschleiß auf.

Die dargestellten rasterelektronenmikroskopischen Aufnahmen des verschlissenen Werkzeugs zeigen eine stetige Verschleißausprägung entlang der beiden Werkzeugflanken. Entsprechend der dargestellten Werkzeugbelastung nimmt der Verschleiß beider Flanken zum Zahnfuß hin zu. Insbesondere am freiliegenden Schneidstoff in diesem Bereich haftet Werkstückmaterial an. Die perspektivischen Aufnahmen (A-D) zeigen eine auf der Spanfläche vorliegende, intakte Hartstoffbeschichtung, an die sich die um wenige Mikrometer verrundete Schneidkante anschließt. Der Freiflächenverschleiß ist primär durch Abrasion bedingt. Kammrisse liegen bei der angewendeten Schnittgeschwindigkeit nicht vor.

Bild 7.4 zeigt die Werkstückoberfläche und die Verzahnungsqualität eines zu Beginn (L = 5 m) und eines gegen Standzeitende (L = 97 m) bearbeiteten Werkstücks. Während die Vorschubmarkierungen und Hüllschnittabweichungen des mit dem Neuwerkzeug bearbeiteten Werkstücks scharf berandet und nur aufgrund von Lichtreflexionen optisch erkennbar sind, treten sie bei Standzeitende aufgrund ausgefranster Ränder (vgl. Bild 5.14) deutlicher in Erscheinung. Im Rauheitsmessschrieb ist dieser Unterschied nicht erkennbar. Bereits nach einem geringen Standweg stellen sich einzelne matte Stellen auf der Oberfläche ein, die darauf zurückzuführen sind, dass an der Schneide anhaftende Späne erneut in den Schnitt geraten. Die Häufigkeit des Auftretens derartiger Oberflächendefekte steigt mit zunehmender Standzeit bis zum im Bild dokumentierten Zustand. Die beispielhaft mit einem Rauheitsmessgerät ermittelte Höhe der Defekte liegt dabei im Bereich einiger Mikrometer.

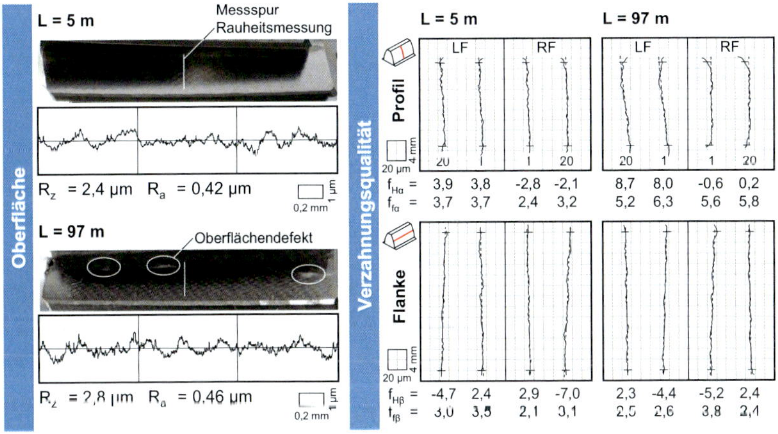

Bild 7.4: Verzahnungsqualität beim Fertigwälzfräsen im Gegenlauf
Gear quality in conventional finish gear hobbing

In den dargestellten Rauheitsmessschrieben in Profilrichtung der Zahnflanken sind die Hüllschnittabweichungen als Rillen erkennbar. Unregelmäßigkeiten des Musters sind auf das gleichzeitige Überfahren der diagonal auf der Zahnflanke vorliegenden Vorschubmarkierungen zurückzuführen. Über dem Standweg steigt die Rauheit geringfügig an. Der ermittelte Mittenrauwert beträgt R_a = 0,42 bis 0,46 µm, wobei die Hüllschnittabweichungen in Höhe von δ_y = 0,8 µm in diesen Wert eingehen, vgl. Bild 4.4. Entsprechend sollte eine Reduzierung dieses Wertes durch eine modifizierte Werkzeugauslegung möglich sein.

Die dargestellten Profillinien sind grundsätzlich dadurch beeinflusst, dass die Ausrichtung des Schlagzahnprofils senkrecht zur Drehachse der Welle nicht mit der Genauigkeit der Ausrichtung eines Wälzfräserzahns gewährleistet ist. Hierdurch kann ein Verkippen der Flankenlinien um einige Mikrometer hervorgerufen werden. Die Summe der Profilwinkelabweichungen der linken und rechten Flanke steigt über der

Standzeit um etwa 7 µm an. Die Profillinien zeigen, dass der Zahnkopf tendenziell breiter und der Zahn leicht ballig wird. Dies deckt sich mit dem in Bild 7.3 dargestellten Verlauf der Verschleißmarkenbreite entlang der Schneidkante. Der größte Freiflächenverschleiß, durch den auch ein Versatz der Schneidkante in Richtung Spanfläche hervorgerufen wird, liegt im Bereich des Zahnfußes vor.

Die Proportionalität zwischen dem Verschleißverlauf und den resultierenden Profilabweichungen am Bauteil bestätigt die in Kapitel 3 aufgestellte Hypothese 2.

Zahnfußbearbeitung

Wie in Kapitel 4.2 dargestellt ist, besteht bei der Fertigbearbeitung von Verzahnungen abhängig vom Profil des Vorbearbeitungswerkzeugs die Option, nur die Zahnflanken oder das gesamte Zahnlückenprofil zu bearbeiten. Ungeachtet der Tatsache, dass das in Kapitel 6 erarbeitete Verschleißmodell aufgrund der fehlenden Datenbasis hierfür keine Gültigkeit besitzt, ist der Einfluss der Zahnfußbearbeitung auf den Verschleiß des Bearbeitungswerkzeugs von großem technologischem Interesse. In Bild 4.5 wurde bereits dargestellt, dass die maximal auftretende Spanungsdicke sowie das bezogene Spanvolumen am Zahnkopf erheblich größer sind als an den Flanken. Dies ist darauf zurückzuführen, dass das Zahnflankenaufmaß nur etwa 30 % der Zustellung beträgt, während das Zahnfußaufmaß der vollen Zustellung entspricht.

Wie aufgrund dieser gesteigerten Belastung zu erwarten ist, zeigt der korrespondierende Zerspanversuch in **Bild 7.5**, dass der Verschleiß hier deutlich schneller fortschreitet als an der Zahnflanke. Selbst wenn das zuvor definierte Verschleißkriterium für den Zahnkopfbereich auf VB_{max} = 0,15 mm erhöht wird, reduziert sich die erreichte Standlänge um mehr als 60 % auf etwa L = 27 m.

Die REM-Aufnahmen des Zahnkopfs am Standzeitende zeigen, dass das Verschleißmaximum an beiden Zahnflanken unmittelbar am Übergang von der Zahnflanke in die Kopfrundung vorliegt und ähnlich stark ausgeprägt ist. Dies deutet darauf hin, dass primär die große Anzahl an Schneideneingriffen in diesen Bereichen standzeitbestimmend ist, vgl. Bild 4.5. Die bis zu $h_{cu,max}$ = 50 µm dicken Spanungsgeometrien, die unmittelbar am Zahnkopf gebildet werden, führen nicht zu einem vergleichbaren Verschleißanstieg.

Die unten im Bild dargestellte Rauheit des Werkstücks in Profilrichtung zeigt bis zum Standzeitende erwartungsgemäß eine gute Übereinstimmung mit den Werten, die für die ausschließliche Zahnflankenbearbeitung ermittelt wurden. Die Rautiefe beträgt im Mittel etwa R_z = 2,3 µm, während der Mittenrauwert R_a = 0,45 µm beträgt. Die dargestellten Rauheitswerte der bearbeiteten Bauteile wurden mit einem Kufentaster in Profilrichtung in drei Ebenen über der Zahnbreite auf beiden Flanken gemessen und gemittelt.

Für den dargestellten Bearbeitungsfall ist eine Vor- und Fertigbearbeitung mit demselben Werkzeugprofil aufgrund der starken Belastung der Kopfecken nur mit erheblichen Standwegeinbußen möglich.

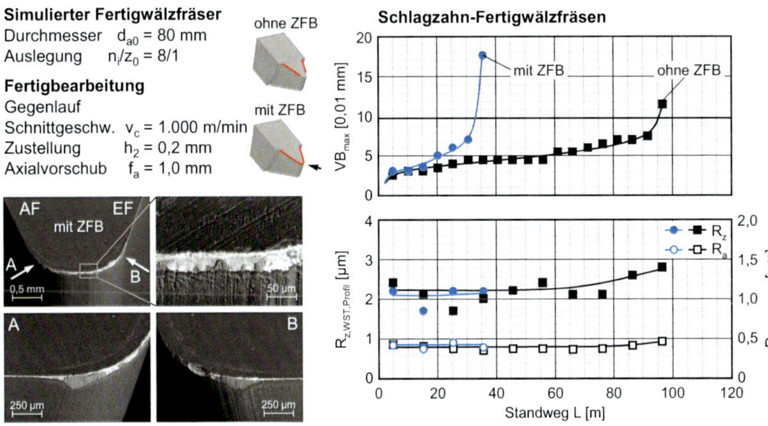

Bild 7.5: Fertigwälzfräsen mit und ohne Zahnfußbearbeitung (ZFB)

Finish gear hobbing with and without tooth root

Obwohl sich die Zerspanbedingungen am Zahhnkopf des Werkzeugs aufgrund der vorliegenden Spanungsdicken und des erhöhten Werkzeugfreiwinkels außerhalb des Gültigkeitsbereichs des Verschleißmodells bewegen, korreliert das Verschleißbild – zumindest qualitativ – gut mit dem erarbeiteten Verschleißmodell. Da etwa ein konstanter Wert der maximalen Schnittbogenlänge entlang der Schneidkante vorliegt, führt die erhöhte Anzahl an Schneideneingriffen in den Übergangsbereichen zu einer erhöhten kumulierten Schnittbogenlänge und somit gemäß dem Modell zu schneller voranschreitendem Werkzeugverschleiß.

Bearbeitungsrichtung

Der Einfluss der Bearbeitungsrichtung auf die Spanungskenngrößen beim Fertigwälzfräsen wurde bei der Analyse der Kenngrößen als gering ermittelt, vgl. Bild 4.6. Tendenziell ist die thermische Belastung der Schneidkante im Gleichlauf aufgrund geringerer Schnittbogenlängen etwas geringer, die Anzahl der Lastwechsel ist hingegen größer als im Gegenlauf. Das Standzeitverhalten von Schlagzähnen abhängig von der Bearbeitungsrichtung ist in **Bild 7.6** dargestellt.

Die Verschleißentwicklung beider Werkzeuge zeigt keine signifikanten Unterschiede, sodass sich die positiven und negativen Einflüsse auf die Werkzeugbelastung bei der angewendeten Schnittgeschwindigkeit auszugleichen scheinen. Auch die dargestellten Verschleißaufnahmen zeigen eine ähnlich gleichmäßige Verschleißausprägung. Auffallend ist, dass die Rautiefe des im Gleichlauf bearbeiteten Werkstücks gegenüber dem im Gegenlauf bearbeiteten im Mittel um etwa 10 % geringer ist. Werkstoffaufschweißungen auf den erzeugten Zahnflanken treten im Gleichlauf in Bezug auf den Standweg tendenziell später auf als im Gegenlauf, sind jedoch über die gesamte Zahnbreite verteilt.

Der in Bild 5.14 beschriebene Entstehungsmechanismus des Auftretens von Oberflächendefekten im Gleichlauf als Aufschweißung unmittelbar im Anschluss an den Schnitt scheint im Schlagzahnversuch nur eine untergeordnete Rolle zu spielen. Von größerer Bedeutung sind Aufschweißungen aufgrund von Spänen, die an der Schneide anhaften und beim nächsten Schnitt zwischen Werkzeug und Werkstück geraten. Dieser Effekt sollte durch die Wahl eines Schneidstoffs vermieden werden können, der eine deutlich geringere chemische Affinität zu Stahl hat als Hartmetall.

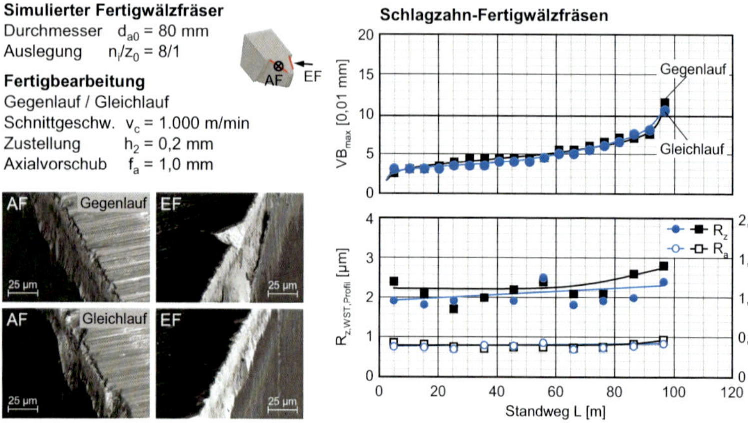

Bild 7.6: Standzeitverhalten abhängig von der Bearbeitungsrichtung
Performance depending on the machining direction

Im konkreten Anwendungsfall der Bearbeitung mit beschichteten Hartmetall-Werkzeugen ist unter Berücksichtigung des Aspekts der erzeugten Oberflächengüte der Gleichlauf zu bevorzugen.

Schnittgeschwindigkeit

Die Genauigkeit der Annäherung der Verzahnungsgeometrie an die ideale Evolventenform ist direkt von der Anzahl an Hüllschnitten abhängig. Die Anzahl an Hüllschnitten je Zeiteinheit ist ihrerseits direkt proportional zur Schnittgeschwindigkeit. Daher ist die Schnittgeschwindigkeit ein zentraler produktivitätsbestimmender Faktor. Eine Beeinflussung der geometrischen Spanungskenngrößen liegt bei einer Variation dieses Parameters nicht vor.

Bild 7.7 zeigt das Standzeitverhalten von Schlagzähnen, die bei einer radialen Schlichtzustellung von h_2 = 0,2 mm und somit einem Zahnflankenaufmaß von a_F = 60 µm eingesetzt wurden. Bei einer Schnittgeschwindigkeit von v_c = 1.000 m/min wird mit L* = 95 m die größte Standlänge erreicht. Hierbei liegen in Profilrichtung des Werkstücks Rauheitswerte vor, die mit zunehmendem Verschleiß von etwa R_z = 2,2 µm bei Standzeitbeginn bis auf etwa R_z = 2,8 µm bei Standzeitende ansteigen. Entsprechend beträgt der Mittenrauwert R_a = 0,35 bis 0,45 µm.

Eine Erhöhung der Schnittgeschwindigkeit um 50 % auf v_c = 1.500 m/min führt bei einer Reduzierung der Standlänge um etwa 70 % zu ähnlichen verschleißproportionalen Rauheitswerten. Im Gegensatz dazu führt eine Halbierung der Schnittgeschwindigkeit auf v_c = 500 m/min zu einer deutlich schnelleren Verschleißzunahme bei grundsätzlich um etwa 50 % gesteigerter gemittelter Rautiefe R_Z. Nach einem Standweg von L = 60 m steigt die Rautiefe ohne signifikanten Verschleißanstieg auf R_Z = 8,9 µm an. Der Versuch wurde an dieser Stelle abgebrochen.

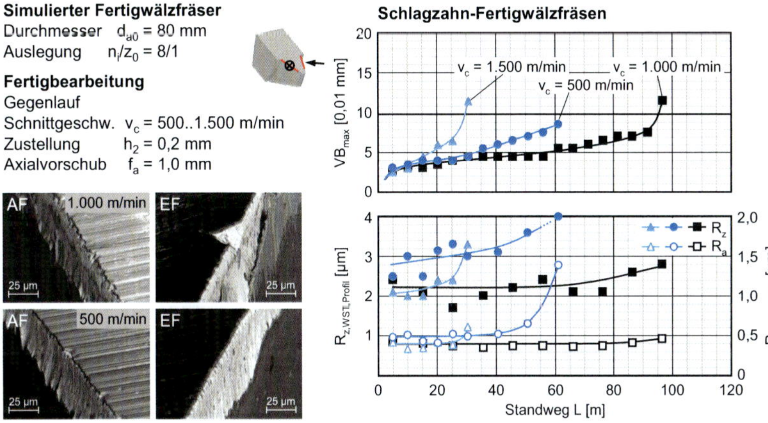

Bild 7.7: Standzeitverhalten abhängig von der Schnittgeschwindigkeit
Performance depending on the cutting speed

Das Einsatzverhalten des Werkzeugs in Kombination mit der schlechten erzielten Werkstückoberfläche ähnlich den Ergebnissen des Analogieversuchs (vgl. Bild 5.11) deutet auf Spanbildungsprobleme beim Fertigwälzfräsen mit geringen Schnittgeschwindigkeiten hin. Im Gegensatz zur geringfügig verrundeten Schneidkante des bei v_c = 1.000 m/min eingesetzten Werkzeugs zeigt das bei der reduzierten Schnittgeschwindigkeit eingesetzte Werkzeug eine konkave Ausprägung der Verschleißmarke mit zurückversetzter Schneidkante.

Im Anschluss an den Versuch wurde mit demselben Werkzeug, dass zuvor bei v_c = 500 m/min eingesetzt wurde, ein Werkstück bei v_c = 1.000 m/min zerspant. Trotz der abweichenden Schneidenmikrogeometrie und der zuvor ungünstigen Spanbildung bei der geringen Schnittgeschwindigkeit stellt sich an diesem Werkstück eine erheblich verbesserte Oberflächengüte ein. Diese befindet sich auf dem Niveau anderer bei gleicher Schnittgeschwindigkeit zerspanter Werkstücke. Die wesentliche Ursache der spanbildungsbedingt schlechten Oberflächengüte liegt demnach in der geringen Schnittgeschwindigkeit und nicht in der Werkzeugmikrogeometrie.

Die mit gesteigerter Schnittgeschwindigkeit verbesserten Schnittbedingungen deuten darauf hin, dass die zur Spanbildung erforderliche Mindestspanungsdicke – zumindest für das Fertigwälzfräsen mit beschichteten Hartmetall-Werkzeugen – mit steigender Schnittgeschwindigkeit abnimmt. Dies steht im Gegensatz zu bisherigen, in der Fachliteratur dargestellten Erkenntnissen (vgl. Kapitel 2.5.2).

Werkstückgeometrie

Die zum Erreichen definierter Hüllschnittabweichungen erforderliche Spannutenzahl des Werkzeugs hängt von der lokalen Krümmung der Evolvente und somit von der Zähnezahl des Werkstücks ab, vgl. Bild 4.4. **Bild 7.8** zeigt das Einsatzverhalten eines Schlagzahns bei der Herstellung eines Werkstücks mit z_2 = 25 Zähnen im Vergleich zur Bearbeitung des Bauteils mit z_2 =39 Zähnen. Die erforderliche Spannutenzahl steigt dabei von n_i = 8 auf 10.

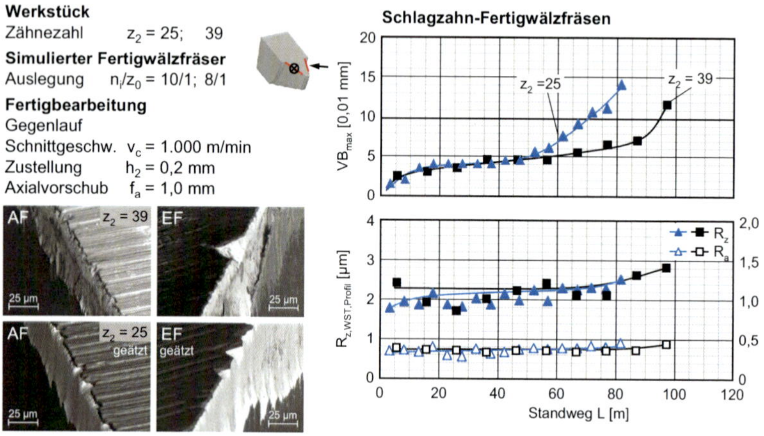

Bild 7.8: Standzeitverhalten abhängig von der Werkstückgeometrie

Performance depending on the workpiece geometry

Bei der Bearbeitung des Werkstücks mit der geringeren Zähnezahl nehmen die Unterschiede der Werkzeugbelastung entlang der Werkzeugschneide zu, vgl. Bild 4.9. Die Spitzenbelastung zur Herstellung einer Zahnlücke im Bereich des Zahnfußes steigt signifikant an. Entsprechend geht die erreichte Standlänge gegenüber der Bearbeitung des Werkstücks mit z_2 = 39 Zähnen um etwa ein Viertel zurück. Da die Standlänge von der Zähnezahl des Werkstücks abhängt, können trotz des Standlängenrückgangs etwa 15 % mehr Bauteile bearbeitet werden.

Das Verschleißverhalten des eingesetzten Werkzeugs deckt sich mit den Erwartungen auf Basis der theoretischen Überlegungen. Es zeigt dabei keine Auffälligkeiten im Vergleich zu den anderen Werkzeugen. Die bei der Bearbeitung erzielten Rauheitswerte der Werkstückflanken entsprechen ebenso wie die theoretisch vorliegenden Hüllschnittabweichungen dem an dem Werkstück mit der größeren Zähnezahl gemessenen Wert.

7.2.2 Beeinflussung der Zahnflankentopografie

Variation of the Flank Topography

Die theoretische Oberflächentopografie der Werkstückflanken wird durch die in Bild 4.4 dargestellten Zusammenhänge beschrieben. Bei konstantem Außendurchmesser des Werkzeugs von d_a = 80 mm verbleiben der Axialvorschub, für den die Werte f_a = 0,5 und 1,0 mm berücksichtigt werden, und das Verhältnis der Spannuten- zur Gangzahl als veränderbare Werkzeuggeometrieparameter. Die Spannutenzahl des Werkzeugs wird bei einer Gangzahl von z_0 = 1 zwischen n_i = 4 und 16 variiert.

Bild 7.9 zeigt den Einfluss des Axialvorschubs auf das Standzeitverhalten von Verzahnwerkzeugen für eine Schlichtzustellung von h_2 = 0,1 mm und eine Spannutenzahl des Werkzeugs von n_i = 16 bei einer Schnittgeschwindigkeit von v_c = 1.500 m/min. Die Halbierung des Axialvorschubs führt zu einer Reduzierung der theoretischen Vorschubmarkierungstiefe von etwa δ_x = 1,1 µm auf 0,3 µm um etwa 70 %. Technologisch interessant ist die gleichzeitige Erhöhung der maximalen Anzahl an Schneideneingriffen je Bauteil um etwa 80 % bei sehr geringen Spanungsdicken, die im Maximum $h_{cu,max}$ = 5,8 µm betragen.

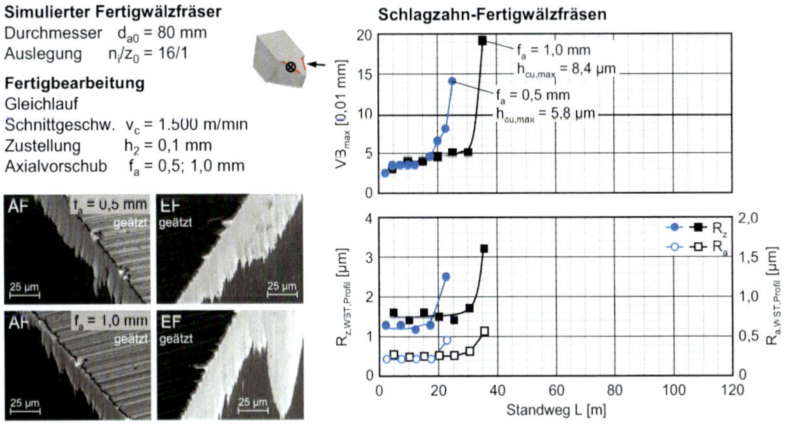

Bild 7.9: Standzeitverhalten abhängig vom Axialvorschub

Performance depending on the axial feed

Unter diesen Einsatzbedingungen verringert sich die erreichte Werkzeugstandlänge um etwa 25 %. Die von der Schneide absolvierte Anzahl an Schneideneingriffen steigt jedoch um etwa 35 %. Dies ist insofern bemerkenswert, als dass selbst die maximale Spanungsdicke im Prozess geringer ist als die Schneidkantenverrundung von r_β = 7 µm.

Die Spanungsdicken in diesen Versuchen liegen allgemein unter den auf Basis des Stands der Technik für das Fertigwälzfräsen als typisch erachteten Werten (vgl.

Kapitel 4.2.2). Sie werden daher von den für den Analogieversuch ausgelegten Spanungsgeometrien hinsichtlich ihrer Dicke nur begrenzt berücksichtigt. Der Einfluss der Spanungsdicke auf das Verschleißverhalten beim Fertigwälzfräsen im HSC-Bereich ist jedoch von untergeordneter Bedeutung (vgl. Kapitel 6.2.3), sodass das Verschleißmodell ungeachtet dessen auch auf die hier betrachteten Prozessauslegungen anwendbar sein sollte.

Auf die in Profilrichtung gemessene Rauheit wirkt sich der reduzierte Axialvorschub nur geringfügig aus, da die Messrichtung unter einem geringen Winkel zu den Markierungen steht. Daher wird in jedem Fall nur eine geringe Anzahl an Vorschubmarkierungen überfahren.

Die im Bild dargestellten rasterelektronenmikroskopischen Aufnahmen zeigen die Versuchswerkzeuge, die zuvor geätzt wurden, um das entlang der gesamten Schneidkante anhaftende Spanmaterial zu entfernen. So kann ein Eindruck des Verschleißbilds und der Mikrogeometrie gewonnen werden.

Eine Halbierung der Schlichtzustellung auf einen Wert von h_2 = 0,05 mm, der einem Flankenaufmaß von a_F = 15 µm entspricht, zeigt für die bereits zuvor betrachtete Werkzeugauslegung mit n_i = 16 Spannuten (vgl. Bild 7.9; f_a = 0,5 mm) eine Steigerung der erzielten Standlänge um fast 70 %, **Bild 7.10**. Die Oberflächengüte des Werkstücks wird hiervon trotz der weiter verringerten Spanungsdicken nicht beeinträchtigt. Geringe Schlichtaufmaße sind daher – zumindest bei hohen Schnittgeschwindigkeiten – grundsätzlich als günstig zu bewerten.

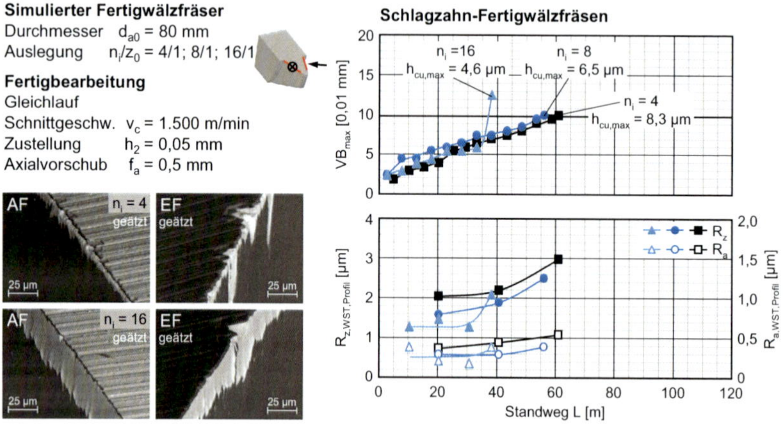

Bild 7.10: Standzeitverhalten abhängig von der Spannutenzahl des Werkzeugs
Performance depending on the number of gashes

Die in Bild 7.10 dargestellte Variation der Spannutenzahl des Werkzeugs bei einer sehr geringen Schlichtzustellung von h_2 = 0,05 mm zeigt bei reduzierter Spannutenzahl eine Zunahme der im Schlagzahnversuch erzielten Standlänge. Dies ist durch die reduzierte Anzahl an Schneideneingriffen und die reduzierten Schnittbogenlängen zu begründen. So können selbst bei der für Hartmetall sehr hohen Schnittgeschwindigkeit von v_c = 1.500 m/min im Schlagzahnversuch Standlängen von mehr als L = 50 m erreicht werden.

Im Vergleich zu der deutlichen Steigerung der theoretischen Hüllschnittabweichungen von δ_y = 0,2 auf 3,0 µm bei der Reduzierung der Spannutenzahl von n_i = 16 auf 4 bzw. einer Steigerung der Gangzahl von z_0 = 1 auf 4 bei konstanter Spannutenzahl, sind die Auswirkungen auf die in Profilrichtung gemessene Rauheit eher gering. Die zu Beginn der Versuche dokumentierte gemittelte Rautiefe steigt von etwa R_z = 1,2 auf 2,0 µm.

Ob bei der Bearbeitung der sehr geringen Flankenaufmaße auch mit reduzierter Schnittgeschwindigkeit vergleichbare Rauheitswerte erreichbar sind, bleibt noch zu klären. Im betrachteten Bereich der Bearbeitungsparameter konnten keine Auswirkungen des Flankenaufmaßes auf die ermittelten Rauheitswerte identifiziert werden.

Bild 7.11 zeigt eine Übersicht über die abhängig vom Axialvorschub und der Spannutenzahl des Werkzeugs im Schlagzahnversuch erzielten Oberflächenstruktur sowie Rauheitsmessschriebe in Profilrichtung des Werkstücks. Da für die dargestellten Messschriebe im Gegensatz zu den zuvor dargestellten Messergebnissen ein Freitaster ohne Kufe verwendet wurde, können die ermittelten Werte von den zuvor dargestellten abweichen.

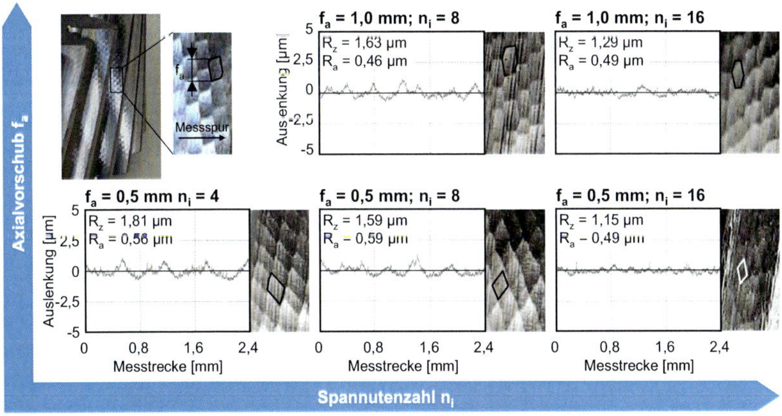

Bild 7.11: Oberflächengüte abhängig von der geometrischen Werkzeug- und Prozessauslegung

Surface quality depending on the geometrical tool and process design

Die mit dem Schlagzahn erzeugte Oberflächenstruktur ist der mit einem Wälzfräser bei rein axialem Vorschub erzeugten Struktur ähnlich, aber nicht identisch. Dies ist dadurch zu begründen, dass sich die in einer Zahnlücke abhängig von der Axialposition des Werkzeugs auftretenden Hüllschnitte geringfügig verschieben können. Hierdurch entstehen beispielsweise Rautenmuster, wie sie in der mittleren, unteren Aufnahme dargestellt sind. Diese Muster entsprechen dem Ergebnis des Diagonalfräsens (Shiftbewegung während der Bearbeitung) mit einem Wälzfräser, was in einigen Anwendungsfällen insbesondere zur Vermeidung von Verschränkungen [WINK07; WOLF06] appliziert wird.

Die Detailaufnahmen der Werkstückoberfläche zeigen daher den grundsätzlichen Einfluss der variierten geometrischen Größen Spannutenzahl und Axialvorschub auf die Größe der Hüllschnitte. Bei einem Axialvorschub von $f_a = 0,5$ mm und einer Spannutenzahl von $n_i = 16$ ist die Oberflächenstruktur so fein strukturiert, dass die einzelnen Hüllschnitte kaum noch zu identifizieren sind.

Grundsätzlich ist der Einfluss der Spannutenzahl auf die ermittelten Rauheitswerte des Werkstücks in Profilrichtung deutlich geringer als die in Bild 4.4 dargestellten theoretischen Abweichungen erwarten lassen. Bei geringen Spannutenzahlen kann dies dadurch hervorgerufen werden, dass die Hüllschnittabweichungen durch den R-Filter teilweise als Welligkeit herausgefiltert werden. Bei sehr großen Spannutenzahlen bestimmt schließlich die Schartigkeit der Schneidkante den ermittelten Rauheitswert. Der sich im Bild darstellende Einfluss des Axialvorschubs auf die in Profilrichtung gemessene Rauheit kann dadurch begründet werden, dass die Messspur bei einer Schrägverzahnung auch einzelne Vorschubmarkierungen kreuzt, deren Höhe in die ermittelte Rauheit einfließt.

Zusammenfassend kann für das Fertigwälzfräsen festgehalten werden, dass eine bessere Annäherung der idealen Evolvente durch verringerten Axialvorschub f_a oder gesteigerte effektive Spannutenzahl $n_{i,eff}$ immer zulasten sowohl der Produktivität des Prozesses als auch der erreichten Standlänge je Werkzeugzahn geht. Für das Fertigwälzfräsen gilt demnach in besonderem Maße, dass eine effiziente Prozessauslegung die Genauigkeitsanforderungen an die Oberflächentopografie gerade erfüllt. Das Flankenaufmaß ist dabei so gering wie möglich zu wählen.

7.2.3 Erzielbare Oberflächengüte

Achievable Surface Quality

Zur Ermittlung der wesentlichen Einflussgrößen auf die Oberflächengüte fertigwälzgefräster Zahnflanken wird eine Regressionsanalyse der gemittelten Rautiefe in Profilrichtung der Zahnflanken durchgeführt. In Anbetracht einer grundsätzlichen Streuung der Rauheitswerte erreicht das Modell mit $R^2 = 0,88$ eine gute Korrelation mit den Messwerten. **Bild 7.12** zeigt die Auswirkungen der einzelnen Faktoren auf die Rauheit der Zahnflanken jeweils für die mittleren Einstellwerte der weiteren Parameter sowie die Auswirkungen der beiden Haupteinflussgrößen Verschleißmarkenbreite und Spannutenzahl mit Wechselwirkungen.

Die Darstellung zeigt, dass für das betrachtete Werkzeugsystem die Oberflächengüte der Zahnflanken ab einer maximalen Verschleißmarkenbreite von $VB_{max} = 0,1$ mm stark abnimmt. Der Einfluss der Spannutenzahl auf die gemittelte Rautiefe entspricht vom Verlauf her seinen Auswirkungen auf die Hüllschnittabweichungen (vgl.

Bild 4.4), jedoch führt die kinematische Rauheit der Schneide zu einer zusätzlichen Grundrauheit. Der Einfluss der Schlichtzustellung und der Bearbeitungsrichtung ist vergleichsweise gering, wobei geringe Zustellungen und die Bearbeitung im Gleichlauf tendenziell etwas geringere Rauheitsergebnisse zeigen.

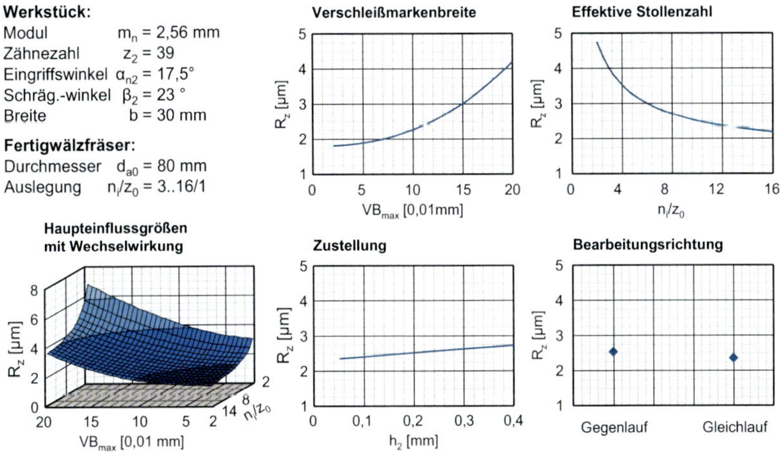

Bild 7.12: Einflussfaktoren auf die gemittelte Rautiefe der Zahnflanken in Profilrichtung
Influences on the tooth flank roughness in profile direction

Bei der Bearbeitung mit geometrisch bestimmter Schneide können prinzipiell Oberflächendefekte in Form von adhäsiv an der erzeugte Oberfläche anhaftendem oder auf die Oberfläche aufgeschweißtem Spanmaterial entstehen. Die unterschiedliche Entstehung dieser Defekte im Gleich- und Gegenlauf ist bereits in Bild 5.14 für den Analogieversuch beschrieben. Die gleichen Effekte gelten auch für den Schlagzahnversuch. Im Gleichlauf muss das heiße Spanmaterial unmittelbar im Anschluss an den Schnitt auf die Bauteiloberfläche aufgeschweißt werden, um als Oberflächendefekt zu verbleiben. Im Gegensatz dazu müssen im Gegenlauf die Späne an der Schneide anhaften, um bei der nächsten Annäherung der Schneide an das Werkstück erneut in den Schnitt zu geraten.

Die Ausprägung von Oberflächendefekten in Form von Aufschweißungen und die Häufigkeit ihres Auftretens in den durchgeführten Schlagzahnversuchen sind in **Bild 7.13** dokumentiert. Die links im Bild beispielhaft dargestellten Defekte ähneln dabei den bereits für den Analogieversuch dokumentierten Aufschweißungen in Bild 5.14.

Die Darstellung zeigt, dass – über alle Versuche betrachtet – im Gegenlauf erheblich mehr Oberflächendefekte auftreten als im Gleichlauf. Zudem nimmt das Auftreten mit zunehmender Verschleißmarkenbreite zu. Da Spanmaterial an der Werkzeugschneide anhaftet, sobald erste Bereiche des Schneidstoffs freigelegt sind, ist dieses Verhalten zu erwarten. Nicht erklärbar ist hingegen der dargestellte Einbruch des

Anteils der betroffenen Zahnflanken für den Gegenlauf bei VB_{max} = 0,05 bis 0,09 mm um etwa 15 %. Dieses Phänomen wird auch in der industriellen Praxis beobachtet.

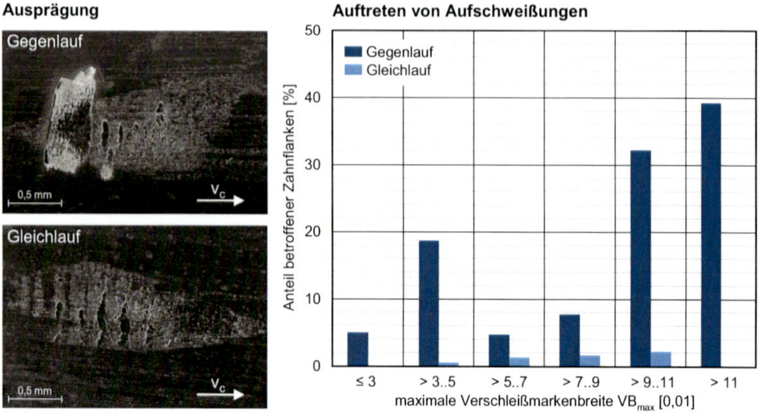

Bild 7.13: Oberflächendefekte an fertigwälzgefrästen Zahnflanken
Surface defects on finish hobbed tooth flanks

Aufgrund der großen Streuung der Einzelergebnisse je Werkstück und der geringen zur Verfügung stehenden Datenbasis wurde an dieser Stelle keine Auswertung nach den einzelnen Schnittparametern vorgenommen. Zur Vermeidung von Aufschweißungen müssen an der Schneidkante anhaftende Späne während der Rotation des Werkzeugs entfernt werden oder das Anhaften von Spanmaterial muss durch die Wahl anderer Schneidstoffe verhindert werden. Um Oberflächendefekte bei der Bearbeitung mit beschichteten Hartmetallwerkzeugen möglichst zu vermeiden, ist in jedem Fall eine Prozessführung im Gleichlauf anzustreben.

7.3 Überprüfung des Prognosemodells anhand der Schlagzahnversuche

Review of the Prognosis Model by the Fly-Cutting Trials

Die in Kapitel 7.2 dargestellten Schlagzahnversuche dienen neben der Analyse der Einflussgrößen auf die Standzeit und Oberflächengüte beim Fertigwälzfräsen der Überprüfung des in Kapitel 6 auf Basis der Analogieversuche entwickelten Verschleißmodells. Eine wesentliche Voraussetzung für ein funktionierendes empirisches Verschleißmodell ist ein ähnliches Verschleißverhalten der Werkzeuge, die als Basis des Modells dienen und derer, deren Verschleißverhalten vorhergesagt werden soll. Daher wird zunächst das dem Modell zugrunde liegende Verschleißverhalten mit dem der Schlagzähne verglichen. Im Anschluss wird die Vorhersagequalität des Modells überprüft.

7.3.1 Verschleißverhalten der Versuchswerkzeuge im Vergleich

Comparison of the Wear Behavior of the Applied Tools

Das Verschleißverhalten der Analogiewerkzeuge und Schlagzähne ist in **Bild 7.14** beispielhaft qualitativ gegenübergestellt. Der Vergleich der Verschleißverläufe zeigt, dass im Analogieversuch, in dem eine konstante Spanungsgeometrie gebildet wird und daher ein konstanter Lastzyklus auf das Werkzeug wirkt, progressives Verschleißverhalten bei einer Schnittgeschwindigkeit von v_c = 1.000 m/min etwa bei VB_{max} = 0,15 mm einsetzt. Im Gegensatz dazu beginnt ein progressiver Verschleißanstieg beim Schlagzahn-Wälzfräsen bei ansonsten ähnlicher Verschleißentwicklung bereits bei etwa VB_{max} = 0,10 mm. Eine mögliche Erklärung dieser Unterschiede liegt in den Unterschieden der Dicke der Hartstoffschicht auf der Freifläche der verschiedenen Werkzeuge, vgl. Bild 7.2.

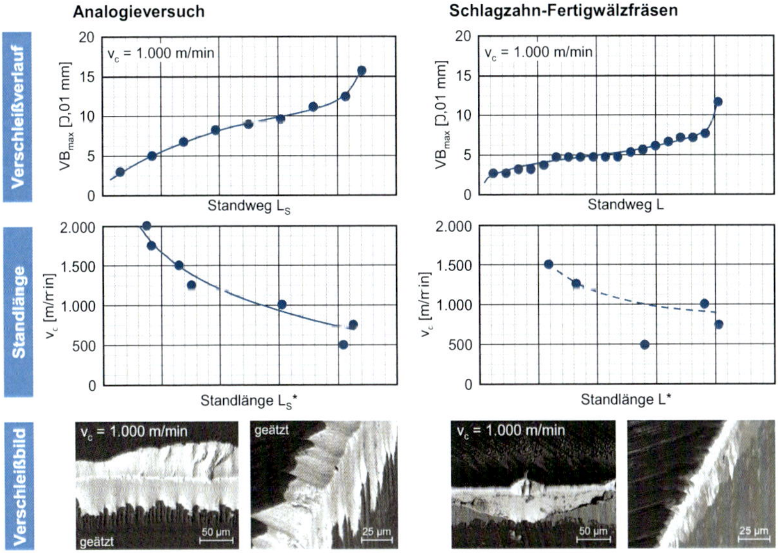

Bild 7.14: Verschleißverhalten der Schlagzähne und Analogiewerkzeuge

Wear behavior of the fly-cutters and analogy tools

Die erreichten Standlängen zeigen über der Schnittgeschwindigkeit aufgetragen für beide Werkzeugtypen einen ähnlichen Verlauf. Beiden gemein ist ein Standlängenrückgang bei geringer Schnittgeschwindigkeit. Während das Standlängenoptimum im Analogieversuch etwa bei v_c = 750 m liegt, kann hierzu für den Schlagzahnversuch auf Basis der vorliegenden Daten keine absolute Aussage getroffen werden.

Die dargestellten REM-Aufnahmen der Analogiewerkzeuge zeigen die bereits in Kapitel 5.2 dargestellte zerrüttete Schichtstruktur der Freifläche und die Auskolkung im von der Hartstoffschicht freigelegten Bereich der Spanfläche. Auch die Hartstoffschicht der Schlagzähne weist in dem Bereich, in dem die Zerspanung stattfindet, eine Rissstruktur aufgrund der Wechselbelastung auf. Die Hartstoffschicht der Spanfläche bleibt jedoch – möglicherweise aufgrund der größeren hier vorliegenden Schichtdicke – erhalten. Lediglich eine geringfügige Verrundung der Schneidkante stellt sich ein. Einzelne Ausbröckelungen treten dabei auf.

Aus der Belastung, die aus der Bildung unterschiedlicher Späne entlang der Schneidkante resultiert, sowie der unterschiedlichen Schichtdickeverteilung ergeben sich Unterschiede im Verschleißverhalten der Schlagzähne im Vergleich zu den Analogiewerkzeugen. Das Verschleißbild der Werkzeuge ist jedoch bezogen auf den für das Modell relevanten Freiflächenverschleiß ähnlich. Ebenso ergibt sich für den Einfluss des Werkzeugverschleißes von der Schnittgeschwindigkeit ein ähnliches Verhalten, wobei Unterschiede hinsichtlich des Standlängenrückgangs hin zu geringen Schnittgeschwindigkeiten vorliegen können. Der unterschiedliche Beginn des progressiven Verschleißanstiegs kann durch die relative Betrachtung der auf das Verschleißkriterium normierten Verschleißmarkenbreite VB_{norm} (vgl. Kapitel 0) ausgeglichen werden.

7.3.2 Vergleich der Versuchsergebnisse mit der Prognose

Comparison of the Trial Results with the Prognosis

Das erarbeitete Prognosemodell ermöglicht einerseits die Vorhersage der erzielbaren Standlänge des Werkzeugs zum Fertigwälzfräsen. Andererseits kann die Verteilung des Werkzeugverschleißes entlang den Zahnflanken des Bearbeitungswerkzeugs zu einem definierten Zeitpunkt abgeschätzt werden.

Die Berechnung theoretischer Standlängen $L_{0,min}$ (vgl. Bild 6.5) auf Basis des erarbeiteten Modells für die Parameter der durchgeführten Schlagzahnversuche führt zu dem Ergebnis, dass die Ergebnisse der Schlagzahnversuche relativ zueinander gut wiedergegeben werden. Die absoluten errechneten Standlängen zeigen jedoch eine systematische Abweichung von den Versuchsergebnissen. Hierauf deuten bereits die in Kapitel 7.3.1 dokumentierten Abweichungen im Verschleißverhalten der unterschiedlich eingesetzten Werkzeuge hin. Als Ursachen für die absoluten Standlängendifferenzen kommen folgende Faktoren infrage:

- Die Schneidkantenpräparation des verwendeten Versuchswerkzeugs ist nicht identisch, vgl. Bild 7.2, da die Wendeschneidplatten und Schlagzähne nicht in derselben Charge präpariert wurden. Möglichen Auswirkungen geringer Unterschiede in der Präparation sind in Kapitel 5.2.1 dokumentiert.
- Die Belastung der Schneidkante im Analogieversuch ist bei jedem Schnitt konstant. Dies ermöglicht zwar eine genaue Analyse der Verschleißursachen für die Modellbildung (vgl. Bild 5.21 und Bild 5.22), entspricht jedoch nicht exakt der alternierenden Belastung im Schlagzahnversuch, bei dem jeder Abschnitt der Schneidkante abhängig von der Shiftposition unterschiedliche Späne bildet.

- Im Analogieversuch liegt die größte Schnittbogenlänge eines jeden gebildeten Spans im Bereich sehr geringer Spanungsdicken vor, vgl. Bild 5.3. Die für das Fertigwälzfräsen dargestellten Spanungsgeometrien weisen diesbezüglich eine andere Charakteristik auf, die möglicherweise verschleißgünstiger ist.

Aufgrund der genannten Faktoren ist die Einführung eines empirischen Proportionalitätsfaktors k_A mit $k_A = 2{,}5$ zur Justierung der modellbasierten Standlängenprognose L_0^* auf Basis der errechneten Standlänge $L_{0,min}$ erforderlich:

$$L_o^* = k_A \cdot L_{0,min} \tag{7.1}$$

Die so bestimmten Prognosewerte sind in **Bild 7.15** den Ergebnissen der Schlagzahnversuche gegenübergestellt. Hierbei sind im Gegenlauf durchgeführte Versuche durch einen negativen Axialvorschub f_a gekennzeichnet. Die meisten Versuche wurden an der Referenzverzahnung mit $z_2 = 39$ Zähnen (Versuchsnummer 39-01 bis 39-B) durchgeführt. Die Versuche 39-A und 39-B dienen der Nachbildung von Spanungsgeometrien, wie sie bei der Bearbeitung mit einem Werkzeug mit einem Außendurchmesser von $d_{a0} = 120$ bzw. 40 mm bei einer effektiven Spannutenzahl von $n_i/z_0 = 8$ und einer Schlichtzustellung von $h_2 = 0{,}2$ mm auftreten. Die Bearbeitung des Werkstücks mit $z_2 = 25$ Zähnen wurde in zwei Stichversuchen (25-01 und 25-02) untersucht.

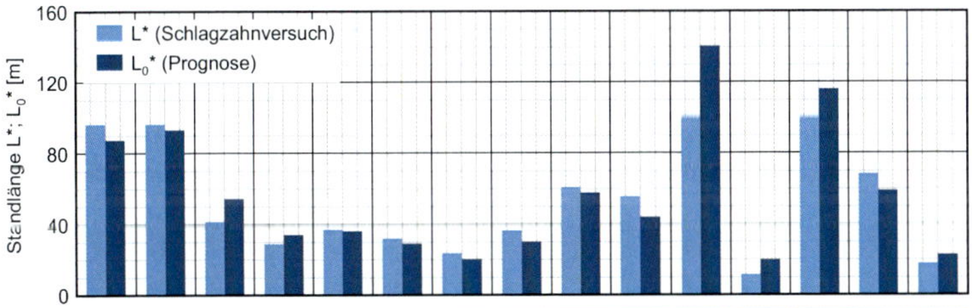

Versuch Nr.	39-01	39-02	39-03	39-04	39-05	39-06	39-07	39-08	39-09	39-10	39-11	39-A	39-B	25-01	25-02
z_2	39	39	39	39	39	39	39	39	39	39	39	39	39	25	25
v_c [m/min]	1.000	1.000	1.250	1.500	1.500	1.500	1.500	1.500	1.500	1.500	750	1.500	1.500	1.000	1.500
h_2 [mm]	0,2	0,2	0,2	0,2	0,2	0,1	0,1	0,05	0,05	0,05	0,2	0,4	0,07	0,2	0,2
f_a [mm]	-1,0	1,0	-1,0	-1,0	1,0	1,0	1,0	0,5	0,5	0,5	-1,0	-1,4	-1,2	-1,0	-1,0
n_i	8	8	8	8	8	8	16	16	16	4	8	14	3	10	10

Bild 7.15: Vergleich der erreichten Standlängen mit der Prognose
Comparison of the reached tool lives and the prognosis

Trotz der großen absoluten Standlängenunterschiede der einzelnen Versuche korreliert die Prognose gut mit dem erzielten Versuchsergebnis. Eine Ausnahme bildet hier der bei einer Schnittgeschwindigkeit von $v_c = 750$ m/min durchgeführte Versuch 39-11. Für diese Schnittgeschwindigkeit zeigt bereits Bild 7.14 eine Diskrepanz zwischen dem Verschleißverhalten im Analogie- und Schlagzahnversuch. Für die anderen Versuche ergibt sich trotz des relativ großen Variationsbereichs der Versuchsparameter ein Korrelationskoeffizient von $R^2 = 0{,}93$, **Bild 7.16**. Der Korrelationskoeffizient zeigt, dass das Modell die Versuchsergebnisse für Schnittgeschwindigkeiten von mehr als v_c = 750 m/min relativ zueinander gut abbildet, sodass insgesamt ein zufriedenstellendes Ergebnis erreicht wird.

Simulierter Fertigwälzfräser
Durchmesser d_{a0} = 80 mm
Auslegung n_i/z_0 = 3/1...16/1

Fertigbearbeitung
Bearbeitungsrichtung Gleich-/Gegenlauf
Schnittgeschwind. v_c = 750..1.500 m/min
Zustellung h_2 = 0,05..0,4 mm
Flankenaufmaß a_F = 60 µm
Axialvorschub f_a = 0,5..1,4 mm

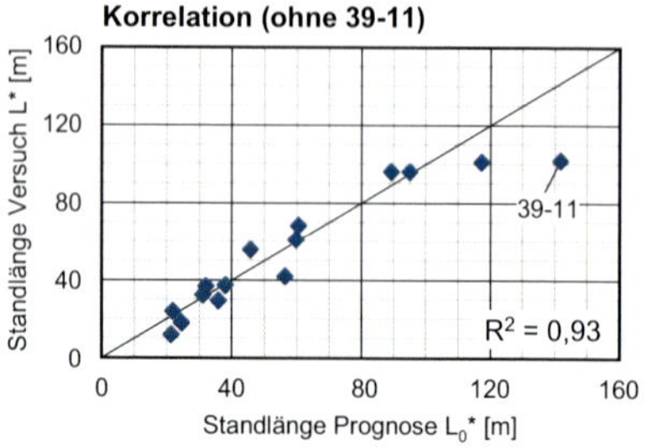

Bild 7.16: Korrelation des Prognosemodells mit den Versuchsergebnissen
Correlation of the prognosis model and the trial results

Für den Referenzversuch 39-01 ist in **Bild 7.17** beispielhaft die für das Standzeitende prognostizierte Verschleißverteilung als normierter Verschleißwert VB_{norm} dem Verschleißbild nach einem Standweg von L = 97 m gegenübergestellt. Die Lage des Verschleißmaximums der beiden Werkzeugflanken und der Verlauf der Verschleißmarke entlang der Flanken sind dabei gut nachzuvollziehen.

Werkstück
Modul m_n = 2,56 mm
Zähnezahl z_2 = 39
Eingriffswinkel α_{n2} = 17,5°
Schräg.-winkel β_2 = 23 °
Breite b = 30 mm

Simulierter Fertigwälzfräser
Durchmesser d_{a0} = 80 mm
Auslegung n_i/z_0 = 8/1

Fertigbearbeitung
Gegenlauf
Schnittgeschw. v_c = 1.000 m/min
Zustellung h_2 = 0,2 mm
Flankenaufmaß a_F = 60 µm
Axialvorschub f_a = 1,0 mm

Standweg **L = 97 m**

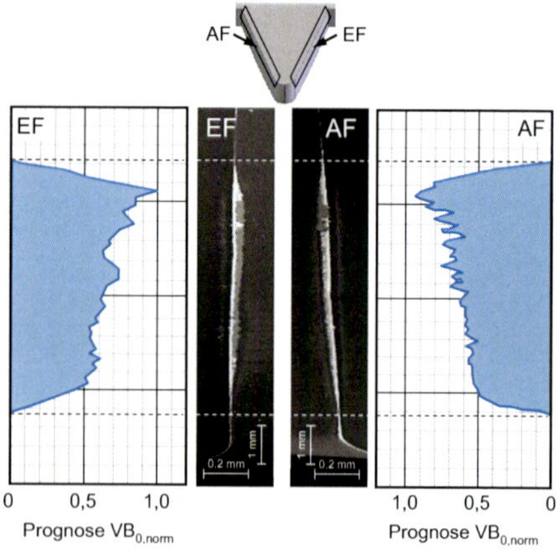

Bild 7.17: Vergleich des tatsächlichen Verschleißverlaufs mit der Prognose
Comparison of the wear distribution and the prognosis

Die hier dargestellten Ergebnisse bestätigen die Übertragbarkeit der Ergebnisse des Analogieversuchs auf das Fertigwälzfräsen und somit Forschungshypothese 4 (vgl. Kapitel 3). Gleichzeitig ist die Vorhersagbarkeit des Standzeitverhaltens des betrachteten Werkzeugsystems für das Fertigwälzfräsen verifiziert (vgl. Hypothese 1 in Kapitel 3).

7.4 Ansätze zur modellbasierten Vermeidung verschleißbedingter Profilabweichungen

Approach for the Prevention of Profile Deviations due to Tool Wear

In Kapitel 7.2 wurde dargestellt, dass die lokale Belastung der Werkzeugschneide beim Fertigwälzfräsen über dem Standweg des Werkzeugs zu Abweichungen des Zahnprofils führt. Aufgrund der Abhängigkeit der lokalen Schneidenbelastung vom Abwälzvorgang (vgl. Bild 4.9) ist zu erwarten, dass dieser Effekt mit sinkender Werkstückzähnezahl zunimmt. Auf Basis des in Kapitel 6 erarbeiteten Prognosemodells kann der Verlauf der Verschleißmarkenbreite, der zu den dargestellten Profilabweichungen führt, erfolgreich vorhergesagt werden, vgl. Bild 7.17.

Um die Verzahnwerkzeuge bis zum Standzeitende optimal nutzen zu können und systematisch auftretende Verzahnungsabweichungen zu unterbinden, ist es sinnvoll, die verschleißbedingt auftretenden Abweichungen zu kompensieren. Ansätze hierzu sind in **Bild 7.18** dargestellt. Eine wünschenswerte Möglichkeit, um im Prozess eine Korrektur vornehmen zu können, stellt eine Modifikation der Maschinenkinematik dar. Aufgrund der vorliegenden Wälz- und Kontaktbedingungen ist eine kinematische Korrektur des Zahnprofils bei wälzenden Verfahren jedoch nicht möglich.

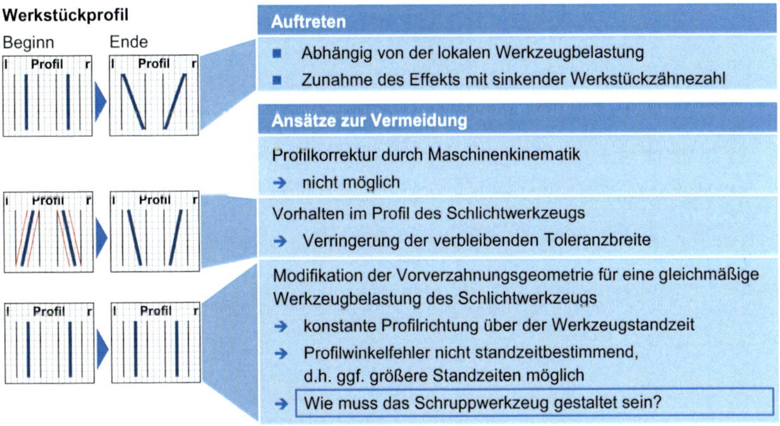

Bild 7.18: Verschleißbedingte Profilabweichungen
Profile deviations due to tool wear

Ein zweiter Ansatz, der beispielsweise bei wälzenden Feinbearbeitungsverfahren mit geometrisch unbestimmter Schneide Anwendung findet, ist das Vorhalten der sich einstellenden Abweichungen im Profil des Bearbeitungswerkzeugs. Jedoch verringert sich hierdurch die effektiv zur Verfügung stehende Toleranzbreite, da der Prozess bei Standzeitbeginn an einem Rand des Toleranzfelds beginnt. Dies vergrößert die Gefahr der Produktion von Ausschussteilen.

Ein dritter Ansatz zur Vermeidung verschleißbedingter Profilabweichungen liegt in einer Modifikation der Vorbearbeitungsgeometrie, sodass das Schlichtwerkzeug entlang seiner Flanke eine gleichmäßige Belastung mit daraus resultierendem gleichmäßigen Verschleiß erfährt. Gelingt eine solche Modifikation, kann eine über der Werkzeugstandzeit konstante Profilrichtung erreicht werden. Sofern die Profilwinkelabweichung standzeitbestimmend ist, können je nach Bauteilgeometrie und Qualitätsanforderungen größere Standzeiten ermöglicht werden. Diese Vermeidungsstrategie soll im Folgenden erörtert werden. Hierbei ist die Frage zu klären, wie das Schruppwerkzeug gestaltet sein muss, um die gleichmäßige Belastung des Schlichtwerkzeugs zu gewährleisten.

Mithilfe der Software SPARTApro und dem erarbeiteten Prognosemodell wurden iterativ Verschleißvorhersagen mit unterschiedlichen Schneidengeometrien des Schruppwerkzeugs getroffen. Das Ergebnis einer Profilvariante, die einer ideal gleichmäßigen Verteilung des bezogenen Zerspanvolumens entlang der Schneidkante des Schlichtwerkzeugs nahe kommt, ist in **Bild 7.19** in Form der resultierenden Spanungskenngrößen dargestellt.

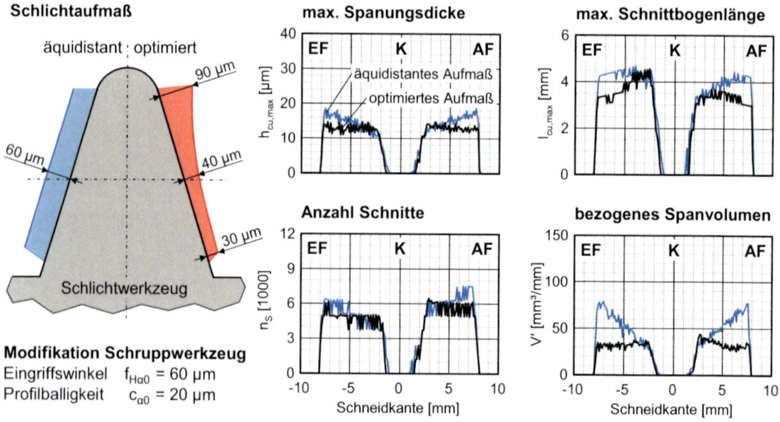

Bild 7.19: Optimierte Geometrie des Vorbearbeitungswerkzeugs

Optimized geometry of the roughing tool

Für die auslaufende Flanke (AF) wurde die Zunahme der theoretischen Verschleißmarkenbreite zum Zahnfuß hin dabei geringfügig überkompensiert. Bezogen auf die Profilformabweichung sollte aufgrund der Belastungsverteilung eine geringfügige Tendenz zu einem balligen Profil vorliegen. Das entsprechende Profil des Schruppwerkzeugs weist gegenüber dem Standardwerkzeug für ein äquidistantes Aufmaß einen vergrößerten Eingriffswinkel ($f_{H\alpha 0}$ = 60 µm) sowie eine Profilballigkeit von $c_{\alpha 0}$ = 20 µm auf. Mit der dargestellten Profilmodifikation ergibt sich für das Schlichtwerkzeug eine Standlängenprognose von L_0^* = 128 m. Dies entspricht einer theoretischen Standlängensteigerung um etwa 30 % gegenüber dem konstanten Schlichtaufmaß.

Gemäß dem dargestellten Ansatz zur Vermeidung verschleißbedingter Profilabweichungen wurde ein Schlagzahnversuch zur Schlichtbearbeitung durchgeführt. Um wie bereits zuvor eine mehrfache Bearbeitung eines Werkstücks zu ermöglichen und gleichzeitig die gewünschte Verteilung des Schlichtaufmaßes sicherzustellen, muss das Werkstück vor jedem Schlichtzyklus mit dem Schruppwerkzeug vorprofiliert werden. Durch einen entsprechend ausgeführten Kopfkantenbruch des Schruppwerkzeugs kann in diesem Fall die belastete Länge des Schlichtwerkzeugs konstant gehalten werden.

Der Vergleich des Verschleißbilds der Zahnflanken zwischen der Zerspanung des äquidistanten und optimierten Schlichtaufmaßes in **Bild 7.20** zeigt für beide eingesetzten Werkzeuge eine der Verschleißprognose ähnliche Verschleißverteilung. Entsprechend ist im Falle des optimierten Aufmaßes die Verschleißverteilung entlang der Schneidkante gleichmäßiger. Auffallend sind hier jedoch die lokalen Verschleißspitzen auf der einlaufenden Flanke des Werkzeugs. Diese wirken aufgrund der stark überhöhten Darstellung der Verschleißmarkenbreite wie Schichtabplatzungen, höher aufgelöste Bilder weisen jedoch nicht auf adhäsiven Schichtverschleiß hin. Ungeachtet dessen kann die Ursache des unterschiedlichen Verschleißverhaltens der ein- und auslaufenden Flanke an dieser Stelle nicht geklärt werden. Die lokalen Verschleißspitzen sind im vorliegenden Fall standzeitbestimmend. Können diese vermieden werden, ist zu erwarten, dass eine Steigerung der Standlänge entsprechend der Prognose erreicht werden kann.

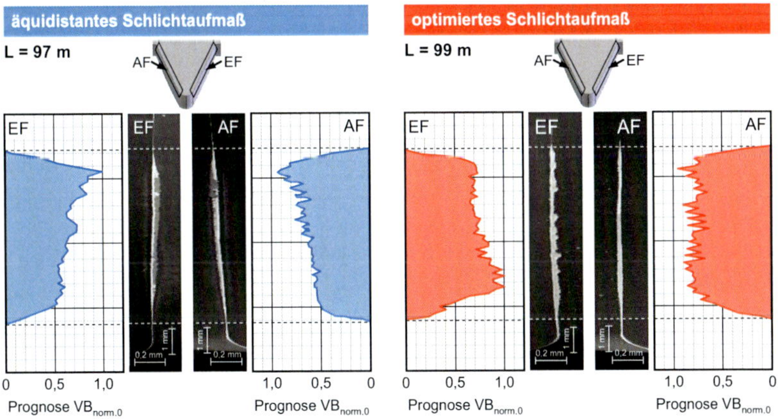

Bild 7.20: Verschleißverteilung für die Bearbeitung mit optimiertem Schlichtaufmaß
Wear distribution for machining with optimized finishing stock

Bild 7.21 zeigt Messschriebe der bei Standzeitbeginn und Standzeitende erzeugten Verzahnungen für die Zerspanung des äquidistanten Aufmaßes und des optimierten

Aufmaßes. Bei der Darstellung der Profilmessschriebe wurde die montagebedingte Schiefstellung des Schlagzahns korrigiert, um auf die Auswirkungen des Werkzeugverschleißes zu fokussieren.

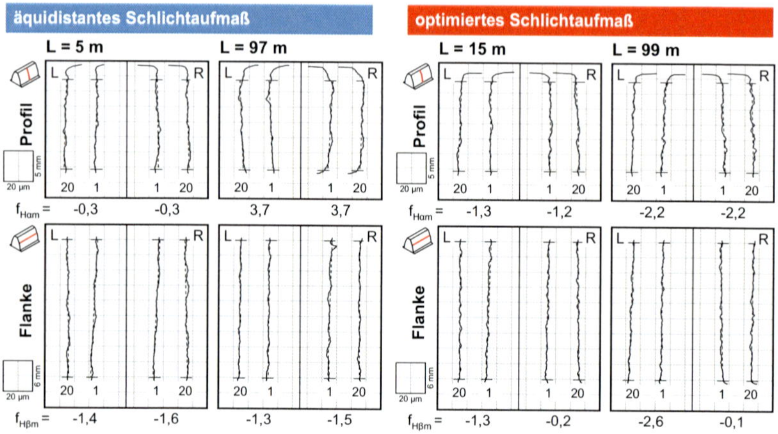

Bild 7.21: Verzahnungsqualität für die Bearbeitung mit optimiertem Schlichtaufmaß
Gear quality for machining with optimized finishing stock

Die ermittelten Flankenlinien zeigen eine gleichbleibend hohe Qualität über der Standlänge beider Werkzeuge. Während sich bei der Bearbeitung des äquidistanten Aufmaßes eine positive Veränderung der Profilwinkelabweichung um $\Delta f_{H\alpha}$ = 4,0 µm mit größerer Breite des Zahnkopfs einstellt, ändert sich die gemittelte Profilwinkelabweichung bei der Bearbeitung des optimierten Schlichtaufmaßes nur geringfügig (um $\Delta f_{H\alpha}$ = 1,0 µm) ins Negative. Dies deutet auf eine leichte Überkompensierung der typischerweise entstehenden Profilwinkelabweichung hin, die auch auf Basis der Darstellung der Verschleißprognose zu erwarten ist, vgl. Bild 7.20. Insgesamt zeigen die durchgeführten Untersuchungen, dass eine Kompensation standzeitbedingter Profilabweichungen beim Fertigwälzfräsen durch eine angepasste Verzahnungsvorbearbeitung möglich ist. Mit der modifizierten Vorbearbeitung wurde im Schlagzahnversuch über dem gesamten Standweg eine Verzahnungsqualität gemäß Qualitätsstufe 5 nach DIN 3962 [DIN78] erreicht.

Die erfolgreiche Optimierung des Schlichtaufmaßes, die bei gleicher Werkzeugstandzeit zu einer verbesserten Profilkonstanz führt, bestätigt die in Kapitel 3 aufgestellte Hypothese 2.

7.5 Fazit

Conclusion

Zur technologischen Untersuchung des Fertigwälzfräsens wurde ein Schlagzahnversuch aufgebaut, bei dem der Schlagzahn ausschließlich zur Schlichtbearbeitung einer Verzahnung zum Einsatz kommt. Im Schlagzahnversuch wurden die Parameter Schnittgeschwindigkeit, Schlichtzustellung, Axialvorschub, Spannutenzahl und die Bearbeitungsrichtung für eine Zahnflankenbearbeitung variiert. Zusätzlich wurde ein Stichversuch zur Schlichtbearbeitung der gesamten Zahnlücke inklusive Zahnfuß durchgeführt. Grundlegende technologische Untersuchungen zeigen, dass die Bearbeitungsrichtung keine signifikanten Auswirkungen auf das Standzeitverhalten des Werkzeugs hat. Die Bearbeitung im Gegenlauf führt jedoch eher zur Ausbildung von Oberflächendefekten in Form von aufgeschweißtem Spanmaterial.

Wie bereits die in Kapitel 5 dargestellten Analogieversuche zeigen auch die Schlagzahnversuche ein Standlängenoptimum bei einer Schnittgeschwindigkeit von etwa $v_c = 750$ m/min. Bei steigender Schnittgeschwindigkeit ergibt sich einen Standlängenrückgang aufgrund der gesteigerten thermischen und mechanischen Belastung des Werkzeugs. Bei geringerer Schnittgeschwindigkeit ergibt sich ebenso ein Standlängenrückgang, der mit einer Verschlechterung der erzeugten Oberflächengüte insbesondere bei verschleißbehafteten Werkzeugen einhergeht. Als Ursachen hierfür werden primär Spanbildungsprobleme vermutet.

Eine Verbesserung der erzielten Standlängen von Hartmetallwerkzeugen zum ausschließlichen Fertigwälzfräsen kann prinzipiell durch eine Reduzierung der Schlichtzustellung erreicht werden. Bei größeren Schnittgeschwindigkeiten konnten keine negativen Einflüsse der hieraus resultierenden sehr dünnen Spanungsgeometrien ermittelt werden. Darüber hinaus kann durch die Verwendung eines vom Schruppwerkzeug abweichenden Werkzeugprofils zur Vermeidung der Bearbeitung des Zahnfußes eine gesteigerte Standlänge erzielt werden.

Je genauer die ideale Evolvente durch verringerten Axialvorschub f_a oder gesteigerte effektive Spannutenzahl $n_{i,eff}$ angenähert wird desto schlechter wird grundsätzlich sowohl die Produktivität des Prozesses als auch die erreichbare Standlänge je Werkzeugzahn. Für die Auslegung eines Fertigwälzfräsers bedeutet dies, dass die fertigungstechnisch relevante Gesamtstandlänge des Werkzeugs durch eine erhöhte Spannutenzahl n_i nur geringfügig, durch eine erhöhte Gangzahl z_0 jedoch erheblich verbessert werden kann. Hinsichtlich der Bauteilqualität muss jedoch die minimal erforderlich effektive Spannutenzahl $n_{i,eff}$ berücksichtigt werden.

Die Anwendung des in Kapitel 6 erarbeiteten Verschleißmodells auf das Fertigwälzfräsen im Schlagzahnversuch zeigt oberhalb einer Schnittgeschwindigkeit von $v_c = 750$ m/min eine gute Korrelation mit den im Schlagzahnversuch erzielten Standlängen. Um trotz der prozessbedingten Unterschiede der Schneidkantenbelastung der Schlagzähne im Vergleich zu den Analogiewerkzeugen und der unterschiedlichen Schneidkantenpräparation eine absolute Standlängenvorhersage treffen zu können, wird ein empirischer Anpassungsfaktor in die Standlängenprognose aufgenommen. Für die Übertragung vom Schlagzahnversuch auf die Bearbeitung mit einem Wälzfräser kann sich ein weiterer Korrekturfaktor ergeben. Für die Schruppbearbeitung wurde beispielsweise von Winkel ermittelt, dass sich die Standlängen je Zahn im Schlagzahnversuch verglichen mit dem Einsatz eines Wälzfräsers etwa verdreifachen [WINK05a].

Der relative Verschleißverlauf entlang der Schneidkante kann mithilfe des erarbeiteten Modells gut vorhergesagt werden. Profilwinkelabweichungen, die aufgrund dieses Verschleißverlaufs entstehen, können basierend auf dem erstellten Modell durch eine modifizierte Vorbearbeitungsgeometrie bei mindestens gleicher Werkzeugstandlänge minimiert werden. Eine notwendige Voraussetzung für die erfolgreiche Anwendung des erarbeiteten Prognosemodells ist jedoch eine konstante und gute Schneidkantenpräparation.

Die in Kapitel 3 aufgestellten Forschungshypothesen sind durch die erfolgreiche Vorhersage und Optimierung des Verschleißverhaltens der Schlagzähne sowie der hieraus resultierenden Verzahnungsgeometrieabweichungen für das betrachtete Werkzeugsystem verifiziert.

8 Potenziale alternativer Schneidstoffe für das Fertigwälzfräsen

Potentials of Alternative Cutting Materials for Gear Finish Hobbing

Wie in Kapitel 2 dargestellt ist, wird für das Fertigwälzfräsen neben Hartmetall industriell ebenfalls Schnellarbeitsstahl eingesetzt. Darüber hinaus existieren insbesondere mit Cermets und PCBN weitere Schneidstoffe, deren Einsatzverhalten beim Fertigwälzfräsen von Interesse ist. Da sich der in Kapitel 5 vorgestellte Versuch des Außenrund-Drehfräsens als geeignet zur Verwendung als Analogieversuch für das Fertigwälzfräsen erwiesen hat, wurde dieser Versuchsaufbau ebenfalls zur Durchführung von Stichversuchen mit den genannten Schneidstoffen verwendet. Aufgrund vergleichbarer Beschichtungsbedingungen dienen hierbei die Vorversuchswerkzeuge aus Hartmetall (vgl. Kapitel 5.2.1) mit einer Schichtdicke von s = 1,0..1,5 µm als Referenz.

8.1 Schnellarbeitsstahl

High Speed Steel

Der betrachtete pulvermetallurgisch hergestellte Schnellarbeitsstahl weist gegenüber typischerweise für das Wälzfräsen verwendeten Schnellarbeitsstählen höhere Anteile an Legierungselementen auf. Hieraus resultieren eine gesteigerte Warmhärte sowie ein höherer Verschleißwiderstand und eine größere Druckbelastbarkeit. Entsprechend ist die Zähigkeit des Schneidstoffs geringer. Ungeachtet dessen ist das Leistungsvermögen gegenüber dem als Referenz betrachteten Hartmetall mit etwa $L_0^* = 30.000$ Schnitten bei einer Schnittgeschwindigkeit von $v_c = 1.500$ m/min (vgl. Bild 5.7) deutlich reduziert, **Bild 7.21**.

Bei einer Schnittgeschwindigkeit von $v_c = 500$ m/min wird mit einer Standlänge von etwa $L_S = 80.000$ Schnitten die Hälfte der Standlänge von Hartmetall bei dieser Schnittgeschwindigkeit erreicht. Hierbei zeigt der Schnellarbeitsstahl bei Standzeitende einen stark progressiven Verschleißanstieg. Dieser ist darauf zurückzuführen, dass die anwachsende Verschleißmarke eine zunehmende Reibzone darstellt, die zu steigenden Temperaturen in der Kontaktzone führt. Der hier ungeschützt vorliegende Schneidstoff wird aufgrund seiner vergleichsweise geringen Warmfestigkeit leicht abgerieben.

Eine Steigerung der Schnittgeschwindigkeit führt zu einem deutlich schnelleren Verschleißanstieg. Das Verschleißbild des Werkzeugs, das bei $v_c = 1.000$ m/min eingesetzt wurde, weist eine sichelförmige Verschleißmarke auf, die nahezu doppelt so breit ist, wie der normale Eingriffsbereich der Schneide. Aufgrund der im gesamten Durchdringungsbereich zwischen Werkzeug und Werkstück zurückgesetzten Schneidkante findet hier kaum noch eine Spanbildung statt, vgl. Bild 5.20. Dies zeigt, dass PM-HSS zum Fertigwälzfräsen wie auch zum Vorverzahnen [KLOC09] erwartungsgemäß nur bei vergleichsweise geringen Schnittgeschwindigkeiten sinnvoll eingesetzt werden kann.

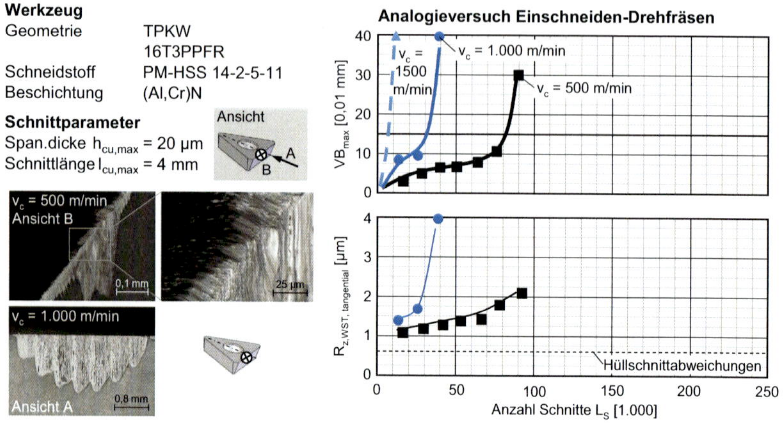

Bild 8.1: Standzeitverhalten von Werkzeugen aus PM-HSS
Performance of PM-HSS tools

8.2 Cermet

Cermet

Als Schneidstoff, der sich vor allem durch chemische Beständigkeit auch bei hohen Temperaturen sowie eine gute Schneidkantenstabilität auszeichnet, werden Cermets allgemein zur Schlichtbearbeitung bei hohen Temperaturen eingesetzt. Daher liegt die Erprobung des Einsatzes von Cermets zum Fertigwälzfräsen im Hochgeschwindigkeitsbereich nahe.

Bild 8.2 zeigt das Einsatzverhalten sowohl beschichteter Cermet-Werkzeuge als auch einer unbeschichteten Wendeschneidplatte. Anhand der Verschleißkurven ist ersichtlich, dass das Leistungsvermögen des beschichteten Cermet-Schneidstoffs größer ist als das des zuvor betrachteten Hartmetalls, vgl. Bild 5.7. Die mit Hartmetall erreichte Standlänge wird von den Cermet-Werkzeugen bei gleicher Schnittgeschwindigkeit jeweils um mindestens etwa 40 % übertroffen. Insbesondere im Vergleich zum PM-HSS fällt auf, dass bei Überschreiten des Standzeitkriteriums keine stark progressive Verschleißzunahme zu verzeichnen ist. Dies bedeutet, dass auch bei sehr hohen Schnittgeschwindigkeiten vergleichsweise prozesssicheres Einsatzverhalten vorliegt.

Im Vergleich zum beschichteten Cermet zeigt der unbeschichtete Schneidstoff bei der geringsten betrachteten Schnittgeschwindigkeit einen Standlängenrückgang um etwa 35 %. Bei größeren Schnittgeschwindigkeiten fällt dieser Rückgang noch deutlicher aus.

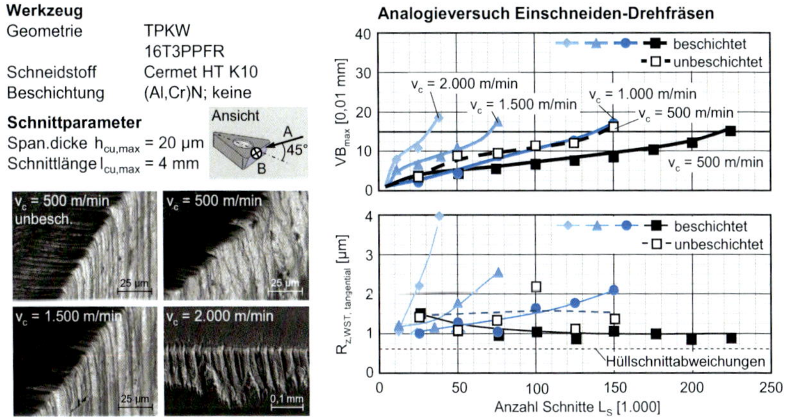

Bild 8.2: Standzeitverhalten von Werkzeugen aus Cermet
Performance of cermet tools

Das dargestellte Verschleißbild dieses Werkzeugs dokumentiert eine sehr stabile, nahezu scharf vorliegende Schneidkante, die von einzelnen Kammrissen durchzogen ist, die im Randbereich ausgewaschen wurden. Die Spanfläche weist geringe Abriebspuren im Bereich der ablaufenden Späne auf. Trotz des vollständig freiliegenden Schneidstoffs zeigen die Aufnahmen des unbeschichteten Cermet-Werkzeugs kein anhaftendes Werkstückmaterial. Daher besteht bei diesen Werkzeugen eine nur sehr geringe Gefahr, dass anhaftende Späne erneut in den Schnitt gelangen. Somit ist das Risiko der Erzeugung von Oberflächendefekten gegenüber dem Einsatz von Hartmetall drastisch reduziert.

Die dargestellten Aufnahmen der beschichteten Werkzeuge zeigen, dass mit zunehmender Schnittgeschwindigkeit die Anzahl der vorhandenen Kammrisse innerhalb der Verschleißmarke zunimmt. Der abrasive Schichtverschleiß, der selbst bei der größten gewählten Schnittgeschwindigkeit von v_c = 2.000 m/min vorliegt, zeugt von einer guten Haftung der Hartstoffschicht auf dem Substrat. Da die Hartstoffschicht auf der Freifläche erheblich härter ist als der Schneidstoff, scheint die aktive Schneidkante zumindest teilweise am Ansatz der verbleibenden Beschichtung zu liegen.

Die Verschleißbilder zeigen selbst bei den hohen angewandten Schnittgeschwindigkeiten keine Schneidkantenausbrüche, woraus eine große Prozesssicherheit resultiert. Weiterhin ist ersichtlich, dass der Verschleißschutz der Hartstoffschicht vorwiegend auf der Freifläche des Werkzeugs benötigt wird. Daher stellt sich die Frage, ob mit Cermet-Werkzeugen beim Fertigwälzfräsen von Verzahnungen nach einer einmaligen Hartstoffbeschichtung im spanflächenseitig nachgeschliffenen Zustand auch ohne Wiederbeschichten ein vergleichbares Standlängenergebnis wie im Neuzustand erreicht werden kann. Hierbei wäre die stark beanspruchte Freifläche durch die noch vorhandene Hartstoffschicht geschützt. Gleichzeitig könnte der Aufbereitungszyklus des Werkzeugs erheblich verkürzt werden.

Hinsichtlich der gemessenen Rauheit des Werkstücks zeigt sich, dass bei geringen Schnittgeschwindigkeiten grundsätzlich geringere Messwerte vorliegen als bei der Bearbeitung mit Hartmetall. Mit zunehmender Schnittgeschwindigkeit und somit steigender Anzahl an Kammrissen liegen bei zunehmendem Verschleiß größere Rauheitswerte vor.

8.3 PCBN

PCBN

Im Vergleich zu den bisher verwendeten Schneidstoffen weist das polykristalline kubische Bornitrid eine noch höhere Härte und thermische Beständigkeit auf. **Bild 8.3** zeigt das Standzeitverhalten der verwendeten PCBN-Sorte. Diese weist einen CBN-Anteil von 85 % bei einer Korngröße von 2 µm in einer Co-W-Al-Bindermatrix auf.

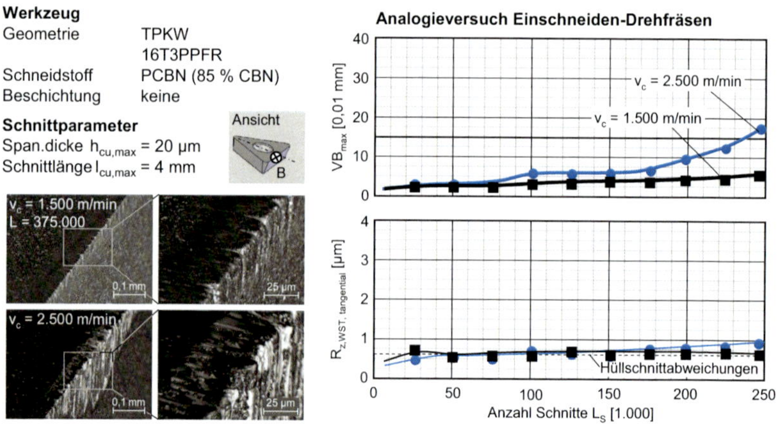

Bild 8.3: Standzeitverhalten von Werkzeugen aus PCBN

Performance of PCBN tools

Mit diesem Schneidstoff wurden Versuche bei v_c = 1.500 m/min und v_c = 2.500 m/min durchgeführt. Die mit der größten angewendeten Schnittgeschwindigkeit erreichte Standlänge von etwa L_S = 240.000 Schnitten übertrifft alle mit anderen Schneidstoffen bei geringeren Schnittgeschwindigkeiten erzielten Ergebnisse. Der Versuch bei v_c = 1.500 m/min wurde aufgrund der bis dahin enormen erreichten Standlänge nach 15 bearbeiteten Werkstücken (L_S = 375.000 Schnitten) bei einer Verschleißmarkenbreite von VB_{max} = 55 µm abgebrochen.

Die gemessene Rauheit der Werkstücke steigt zum Standzeitende hin geringfügig an, liegt jedoch konstant bei unter R_z = 1 µm. Zu Beginn des Versuchs sind die gemessenen Werte teilweise sogar geringer als die theoretische Höhe der Hüllschnittabweichungen von δ_y = 0,68 - 0,76 µm.

Die dargestellten Aufnahmen der verschlissenen Werkzeuge zeigen, dass auch bei PCBN Kammrisse innerhalb der thermisch hochbelasteten Span- und Werkstückkontaktzone auftreten. Ungeachtet dessen liegt die Schneidkante auch am Standzeitende bis auf kleinere Auswaschungen an den Kammrissen nahezu scharfkantig vor. Anhaftendes Werkstückmaterial, welches zu Oberflächendefekten führen könnte, ist nicht erkennbar.

8.4 Fazit

Conclusion

Eine zusammenfassende Betrachtung des Einsatzverhaltens der Schneidstoffalternativen zum Hartmetall ist in **Bild 8.4** dargestellt. Im einfach logarithmischen System liegen die für die einzelnen Werkzeugsysteme über der Schnittgeschwindigkeit ermittelte Standlängen jeweils nahezu auf einer Geraden.

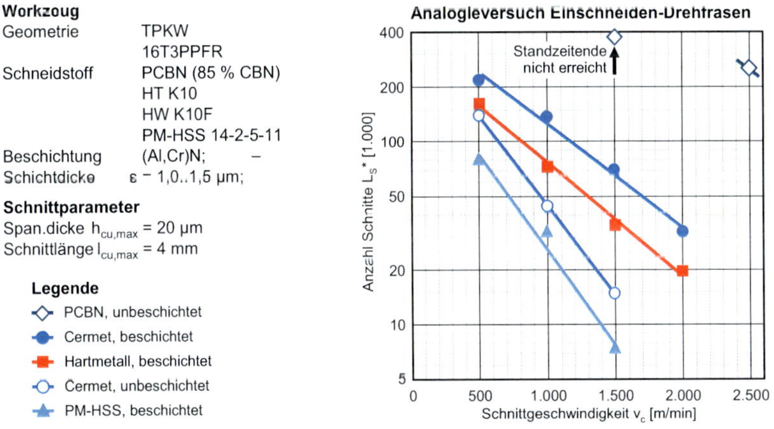

Bild 8.4: Leistungsvermögen der verwendeten Schneidstoffe

Performance of the tested cutting materials

Der PM-HSS zeigt erwartungsgemäß das insgesamt geringste Leistungsvermögen für das Fertigwälzfräsen. Zusammen mit dem unbeschichtete Cermet weist es eine deutlich größere Abhängigkeit der erzielten Standlänge von der Schnittgeschwindigkeit auf als das beschichtete Cermet und das Hartmetall. Das Leistungsvermögen des beschichteten Cermet ist dabei um etwa 60 % größer als das des Hartmetalls.

Das für den Schneidstoff PCBN ermittelte Leistungsvermögen zum Fertigwälzfräsen ist erheblich (um mehr als das Sechsfache) größer als das der weiteren verwendeten Schneidstoffe. Allerdings sind die Anschaffungskosten und der Fertigungsaufwand für PCBN-bestückte Werkzeuge erheblich höher als für die alternativen Schneidstoffe. Daher muss bei der Wahl des Schneidstoffs die Wirtschaftlichkeit des gesamten Bearbeitungsprozesses mit einbezogen werden.

9 Zusammenfassung und Ausblick

Summary and Outlook

Die heutigen Anforderungen einer kosteneffizienten und möglichst kühlschmierstofffreien Fertigung führen zu einem zunehmenden industriellen Interesse an einer Weichfeinbearbeitung von Verzahnungen durch Fertigwälzfräsen. Um dieses Verfahren wirtschaftlich einzusetzen, muss eine mit dem konkurrierenden Zahnradschaben vergleichbare Bauteilqualität bei mindestens derselben Produktivität erreicht werden. Hieraus resultiert die Notwendigkeit der Prozessauslegung als Hochgeschwindigkeitsbearbeitung, wozu bisher nur unzureichende Erfahrungen vorliegen.

Die vorliegende Arbeit verfolgt das Ziel, eine effiziente Prozessauslegung des Fertigwälzfräsens auf Basis grundlegender technologischer Untersuchungen zu ermöglichen. Hierzu sollte ein Verschleißmodell entwickelt werden, welches in der Lage ist, das Standzeitverhalten von Werkzeugen zum Fertigwälzfräsen vorherzusagen.

Der dargestellte Stand der Wissenschaft und Technik zeigt, dass zum Fertigwälzfräsen keine grundlegenden systematischen Erkenntnisse vorliegen. Im Gegensatz zur allgemeinen Hochgeschwindigkeitsbearbeitung von Stahlwerkstoffen, bei der insbesondere hochtemperaturbeständige, harte Schneidstoffe appliziert werden, ist der industrielle Stand beim Fertigwälzfräsen bis heute primär die Bearbeitung mit PM-HSS und Hartmetall. In dieser Arbeit wurden in Anlehnung an den Stand der Technik beispielhaft Werkzeuge aus Hartmetall verwendet. Die Potenziale weiterer Schneidstoffe wurden anhand von Stichversuchen untersucht.

Eine Analyse des Systems Fertigwälzfräsen gibt Aufschluss über die Ein- und Ausgangsgrößen des Prozesses und darüber, in welcher Weise sich die Eingangsgrößen auf die Spanbildung als den Kern des Prozesses auswirken. Die Spanbildung wird hierbei anhand geometrischer Kenngrößen charakterisiert, wobei die Parameter Spanungsdicke und Schnittbogenlänge als primäre Merkmale betrachtet werden. Typische Flankenspanungsgeometrien sind mit einer Dicke zwischen $h_{cu,max}$ = 8 und 25 µm und eine Länge zwischen $l_{cu,max}$ = 2 und 8 mm vergleichsweise klein. Hieraus resultiert die Gefahr einer Unterschreitung der Mindestspanungsdicke, was erhöhten Werkzeugverschleiß und schlechte Werkstückoberflächen zur Folge hat.

Um eine gezielte Analyse der verschleißtechnischen Auswirkungen einzelner Spanungsgeometrien durchzuführen, wurde ein Analogieversuch zur Zahnflankenbearbeitung angewendet. Die Ergebnisse der durchgeführten Versuche zeigen, dass – abhängig von den variierten Parametern maximale Spanungsdicke, Schnittbogenlänge und Schnittgeschwindigkeit – unterschiedliche Verschleißphänomene in verschiedenen Ausprägungen auftreten. Ab einer Schnittgeschwindigkeit von etwa v_c = 750 m/min ist eine Kombination aus Abrasions- und Diffusionsverschleiß der Freifläche standzeitbestimmend.

Basierend auf den durchgeführten Analogieuntersuchungen wurde ein Standlängenmodell erarbeitet, das erfolgreich auf das Fertigwälzfräsen übertragen werden konnte. Mithilfe des Modells kann auf Basis geometrischer Parameter und der Schnittgeschwindigkeit die Standlänge des Werkzeugs prognostiziert werden. Darüber hinaus ist für jeden beliebigen Zeitpunkt eine Vorhersage der Verschleißverteilung entlang der Schneidkante möglich.

Anhand von Fertigwälzfräsversuchen mit einem Schlagzahn wurde das erarbeitete Modell überprüft. Hierbei zeigt sich, dass die Prognosen für Schnittgeschwindigkeiten von über v_c = 750 m/min, bei denen kein adhäsiver Werkzeugverschleiß mehr auftritt, gut mit den Standlängenergebnissen korrelieren. Auch der relative Verschleißverlauf entlang der Schneidkante kann mithilfe des Modells gut vorhergesagt werden. Profilwinkelabweichungen, die aufgrund dieses Verschleißverlaufs entstehen, können durch eine modifizierte Vorbearbeitungsgeometrie bei mindestens gleicher Werkzeugstandlänge minimiert werden.

Allgemein zeigen die Schlagzahnversuche, dass bei geringen Schnittgeschwindigkeiten ungünstige Zerspanbedingungen zur Abnahme der minimalen Spanungsgeometrien vorliegen. Daher existiert über der Schnittgeschwindigkeit ein Standlängenoptimum bei etwa v_c = 750 m/min. Erwartungsgemäß nehmen die erzielten Standlängen aufgrund der steigenden thermischen und mechanischen Belastung der Werkzeuge bei darüber hinaus gesteigerter Schnittgeschwindigkeit ab. Bei geringeren Schnittgeschwindigkeiten hingegen tritt vermehrt adhäsiver Verschleiß des von der Hartstoffschicht freigelegten Hartmetalls auf.

Die größten Standlängen je Werkzeugzahn werden grundsätzlich erreicht, wenn die kumulierte Schnittbogenlänge, also der Gesamt-Schnittweg je Bauteil, gering ist. Da die effektive Spannutenzahl und der Axialvorschub als Schnittweg-relevante Stellgrößen die erzeugte Zahnflankentopografie direkt beeinflussen, kann die Schnittlänge primär über die Schlichtzustellung minimiert werden. Spanbildungsprobleme infolge zu geringer Spanungsdicken konnten innerhalb der durchgeführten Untersuchungen bei Schnittgeschwindigkeiten von mehr als v_c = 750 m/min und minimalen Zahnflankenaufmaßen von bis zu a_F = 15 µm nicht identifiziert werden.

Für die industrielle Praxis bedeutet dies, dass eine günstige Prozessauslegung sehr geringe Zahnflankenaufmaße ohne Bearbeitung des Lückengrunds bei einer Schnittgeschwindigkeit von etwa v_c = 850 bis 1.000 m/min vorsieht. Das Werkzeug sollte hierbei eine möglichst geringe effektive Spannutenzahl $n_{i,eff}$ aufweisen. Um Oberflächendefekte zu vermeiden, ist eine Prozessführung im Gleichlauf vorteilhaft.

Stichversuche haben erwartungsgemäß gezeigt, dass das Leistungsvermögen des verwendeten PM-HSS bei hohen Schnittgeschwindigkeiten um mindestens 50 % geringer ist als das des Hartmetalls. Dem gegenüber zeigt insbesondere PCBN bei Schnittgeschwindigkeiten von bis zu v_c = 2.500 m/min sehr gute Standlängenergebnisse. Die Schneidstoffe Cermet und PCBN weisen eine nur sehr geringe Adhäsionsneigung zu Stahl auf und erzeugen infolgedessen defektfreie Oberflächen.

Zukünftig sollte auf dieser Arbeit aufbauend das Verschleißverhalten dieser potenzialträchtigen Schneidstoffe eingehend untersucht werden. Auch die adressierte Thematik der Werkzeuggestaltung und Schneidkantenpräparation bietet großes Potenzial für eine weitere Prozessoptimierung.

Summary and Outlook

Today's requirements of a cost-effective and possibly coolant-free production lead to an increasing industrial interest in soft finishing of gears by gear finish hobbing. To introduce this process efficiently a quality has to be reached that is comparable to the competing gear shaving process with at least the same productivity. This leads to the necessity of high speed cutting, which so far is not covered with much experience.

The aim of this thesis is to enable an efficient process design of gear finish hobbing based on fundamental technological research. To attain this aim a wear model is being developed which is capable to predict the wear behaviour of gear finish hobbing tools.

The state of the art shows, that there is no fundamental systematic knowledge about gear finish hobbing. For general high speed cutting of steel today especially high temperature resistant cutting materials are common. Contrary to this, for gear finish hobbing up to now primarily the cutting materials PM-HSS and carbide are applied. In this thesis carbide tools are regarded according to the current state of the art. The potentials of further cutting materials are shown in sample trials.

An analysis of the system 'gear finish hobbing' shows the input and output parameters of the process as well as the effect of the input parameters on chip creation as the core of the process. Chip creation is characterized by geometrical parameters, whereby the parameters undeformed chip thickness and cutting length are considered as the primary characteristics. Typical undeformed flank chip geometries show a thickness of $h_{cu,max}$ = 8 to 25 µm and a length of $l_{cu,max}$ = 2 to 8 mm and thereby are comparatively small. This leads to the risk of machining below the minimum chip thickness with the anticipated consequences of increased tool wear and an inferior surface finish.

In order to analyze the wear caused by typical chip geometries of a gear finish hobbing process, an analogy process for flank machining has been set up. The experimental results show, that different wear phenomena occur in different extension depending on the varied parameters maximum undeformed chip thickness, cutting length and cutting speed. At a cutting speed of more than v_c = 750 m/min a combination of abrasion and diffusion wear of the clearance surface determines tool life.

Based on the analogy trials a tool life model was established that has been successfully transferred to gear finish hobbing. Geometrical parameters and the cutting speed are the basis of predicting the tool life. Furthermore a prediction of the wear distribution along the cutting edge is enabled for any point in time.

The prognosis model has been tested by means of gear finish hobbing trials with a fly-cutter. For cutting speeds of more than v_c = 750 m/min, which avoids adhesive tool wear, the prognosis correlates very well with the tool life results. Also the relative wear development along the cutting edge can be predicted very well by means of the model. Profile deviations that result from this wear development can be minimized by modified rough gear geometry with at least the same resulting tool life.

In general the fly-cutting trials show, that the conditions of creating minimal chip geometries are unfavourable at low cutting speeds. Therefore an optimal tool life exists for a cutting speed of about v_c = 750 m/min. Due to the raising thermal and mechanical load on the tools, tool life decreases when the cutting speed is further increased. At lower cutting speed adhesive wear occurs in areas where the coating is worn and workpiece material gets directly in contact with the cutting material.

The highest tool lives per tool tooth are basically reached, when the total cutting length is low. Due to the fact that the effective number of gashes and the axial feed show a great effect on the total cutting length as well as on the flank topography, the total cutting length can primarily be influenced by the finishing stock. Problems in chip creation due to low chip thicknesses have not been identified within the trials covering cutting speeds of more than v_c = 750 m/min and a minimum flank stock of down to a_F = 15 µm.

For the industrial practice this means, that a favourable process design shows very low flank stock without machining the tooth root at a cutting speed of v_c = 800 to 1,000 m/min. The hob should have an effective number of gashes $n_{i,eff}$, that is as low as possible. To avoid surface defects, machining is beneficially done in climb cutting.

As expected, sample trials have shown that the applied PM-HSS performs at least 50 % worse than cemented carbide at high cutting speeds. In contrast to this, especially PCBN features very good tool life results at cutting speeds of up to v_c = 2,500 m/min. The cutting materials cermet and PCBN show a very low affinity to steel, so that a surface results that is free of defects.

Based on the results given in this thesis the wear behaviour of these high potential cutting materials should be analyzed in future. Also the addressed topic of tool design and cutting edge preparation offers a large potential for further process optimization.

10 Literaturverzeichnis

References

[ABEL04] Abele, E.; Munirathnam, M.; Tschannerl, M.: Hochgeschwindigkeitsbearbeitung (HSC) – technologische Leistungsfähigkeit und noch zu überwindende Hindernisse. In: Tagungsband zu: "International Conference on High Performance Cutting", Aachen, 1996

[ABLE03] Abler J.; Felten K.; Kobialka, C.; Lierse, T.; Mundt, A.; Pomp, J.; Sulzer, G.: Liebherr: Verzahntechnik: Informationen für die Praxis. Kempten, 2003

[ABOO02] Abood, A. M.; Bicker, R.; Pennell, T.: An Analysis of Cutting Forces in Gear Hobbing.
In: VDI-Berichte Nr. 1665 (2002), S. 129-143

[ARIU02] Ariura, Y.; Umezaki, Y.: High Accurate Hobbing with Specially Designed Finishing Hobs.
In: VDI-Berichte Nr. 1665 (2002), S. 129-143

[ATTA08] Attanasio, A.; Ceretti, E.; Rizzuti, S.; Umbrello, D.; Miraci, F.; 3D finite element analysis of tool wear in machining.
In: CIRP Annals – Manufacturing Technology, Vol. 57 (2008), S. 61-64

[BACH04a] Bach, F.-W.; Ben Amor, R.; Schäperkötter, M.: Spanbildungsmechanismen bei der Hochgeschwindigkeitszerspanung von Ck45N.
In: wt Werkstattstechnik online. Jg. 94 (2004), Heft 7/8, S. 367-372

[BACH04b] Bach, F.-W.; Möhwald, K.; Laarmann, A.; Wenz, T.: Moderne Beschichtungsverfahren.
Weinheim: Wiley-VCH Verlag, 2004

[BARB03] Barbacki, A.; Kawalec, M.; Hamrol, A.: Turning and grinding as a source of microstructural changes in the surface layer of hardened steel.
In: Journal of Materials Processing Technology.
Vol. 133 (2003), S. 21-25

[BARR02] Barry, J.; Byrne, G.: TEM study on the surface white layer in turned hardened steels.
In: Materials Science and Engineering Vol. 325 (2002), S. 356-364

[BART08] Barthelmä, F.: HPC-gerechte Werkzeuge und Technologien in Anwendungsbeispielen.
In: Tagung „High Performance Cutting (HPC)". WZL, RWTH Aachen, 29.-30. April 2008

[BAUS06] Bausch, T. (Hrsg.): Innovative Zahnradfertigung: Verfahren, Maschinen und Werkzeuge zur kostengünstigen Herstellung von Stirnrädern mit hoher Qualität.
Renningen-Malmsheim: expert, 2006

[BENA03] Ben Amor, R.: Thermomechanische Wirkmechanismen und Spanbildung bei der Hochgeschwindigkeitszerspanung.
Diss. Universität Hannover, 2003

[BENK00] Benko, E., Wyczesany, A., Barr, T.L.: CBN-metal/metal nitrid composites;
In: Ceramics International, 2000, Nr. 25, S. 639-644

[BENK99] Benko, E., Stanislaw, Krolicka, B., Wyczesany, A., Barr, T.: CBN-TiN, CBN-TiC composites: chemical equilibra, microstructure and hardness mechanical investigations;
In: Diamond and related Materials, 8.Ausg. 1999, S. 1838-1864

[BERG98] van den Berg, H.; Dreyer, K.; Kassel, D.; Rödiger, K.: Feinst- und Ultrafeinstkornhartmetalle.
In: Tagungsband zur Tagung „Hochleistungswerkzeuge“ Düsseldorf, 3.-4. November 1998. (Reihe: VDI Berichte, Nr. 1399)
Düsseldorf: VDI, 1998

[BERG00] van den Berg, H.; Dreyer, K.; Westphal, H.; Kassel, D.; Gesell, R.: Richtig auswählen. Die Vielfalt wächst bei Schneidstoffen für die HSC-Bearbeitung.
In: Werkstatt und Betrieb. Jg. 133 (2000), Nr. 12, S. 56-60

[BERG05] van den Berg, H.; Westphal, H.; Schneeweiss, M.; Dietz, M.; Köhler, S.; Glühmann, J.; Gieland, U.: Wie die Eigenspannungen den Verschleiß beeinflussen.
In: Werkstatt und Betrieb. Jg. 138 (2005), Nr. 12, S. 50-54

[BERN40] Berndt, G.; Heidebroek, E.; Hofer, H.; Kurtzbach, K.; Matschoß, C.; Kienzle, O.; Soden, E. v.; Thum, A.: Das Zahnrad. Entwicklung und gegenwärtiger Stand
Berlin: VDI Verlag, 1940

[BOBZ03] Bobzin, K.; Lugscheider, E.; Maes, M.: Oberflächen tunen. PVD- und Dünnschichttechnologie.
In: metalloberfläche, Jg. 57 (2003), Nr. 9, S. 33-37

[BOEG07] Böge, A.: Vierweg Handbuch Maschinenbau. Grundlagen und Anwendung der Maschinenbautechnik.
Wiesbaden: Vierweg Verlag, 2007

[BOOS08] Boost, H.: Perspektiven in der CBN Hochleistungszerspanung.
In: Tagung „High Performance Cutting (HPC)“. WZL, RWTH Aachen, 29.-30. April 2008

[BOUE08] Bouzakis, E.: Steigerung der Leistungsfähigkeit PVD-beschichteter Hartmetallwerkzeuge durch Strahlbehandlung. Diss. RWTH Aachen, 2008

[BOUZ81a] Bouzakis, K.-D.: Konzept und technologische Grundlagen zur automatisierten Erstellung optimaler Bearbeitungsdaten beim Wälzfräsen. Habil. RWTH Aachen, 1981

[BOUZ81b] Bouzakis, K.-D.; König, W.: Process Model for the Incorporation of gear Hobbing into an Information Centre for Machining Data. In: Annals of the CIRP, Vol. 30 (1981), S. 77-82

[BOUZ88] Bouzakis, K.-D.; Antoniadis, A. : Optimal Selection of Machining Data in Gear Hobbing Regarding the Tool Mechanical Stresses Occuring During the Cutting Process. In: Annals of the CIRP, Vol. 37 (1988), S. 109-112

[BOUZ02] Bouzakis, K.-D.; Kombogiannis, S.; Antoniadis, A.; Vidakis, N.: Gear Hobbing Cutting Process Simulation and Tool Wear Prediction Models. In: Journal of Manufacturing Science and Engineering. Vol. 124 (2002), S. 42-51

[BOUZ05] Bouzakis, K.-D.; Friderikos, O.; Mirisidis, I.; Tsiafis, I.: FEM-based Simulation of the Cutting Process in Gear Hobbing with Various Kinematics. In: Proceedings of the 2nd International Conference on Manufacturing Engineering 5.-7. Oktober 2005, Chalkidiki, Griechenland

[BOUZ08] Bouzakis, K.-D.; Friderikos, O.; Tsiafis, I.: FEM-supported simulation of chip formation and flow in gear hobbing of spur and helical gears. In: CIRP Journal of Manufacturing Science and Technology, Vol. 1, 2008, S. 18-26

[BRIN00] Brinksmeier, E.; Riemer, O.: Wirkmechanismen bei der Mikrozerspanung. In: Materialwissenschaft und Werkstofftechnik. Jg. 31 (2000), Nr. 8, S.754-759

[BRIN05] Brinksmeier, E.; Mayr, P.; Hoffmann, F.; Lübben, T.; Walter, A.; Diersen, P.; Ponteau, P.; Sölter, J.: Werkstoffeinfluss auf die Spanbildung bei der Hochgeschwindigkeitszerspanung metallischer Werkstoffe. In: Tönshoff, H.; Hollmann, F. (Hrsg.): Hochgeschwindigkeitsspanen Weinheim: Wiley, 2005, S.267-291

[BUNS01] Bunshah, R.: Handbook of Hard Coatings. Norwich, New York, USA: Noyes Publications / William Andrew Publishing, LLC, 2001

[CHRI96] Christoffel, K.: Werkzeuge zur Hochgeschwindigkeitsbearbeitung. In: Werkstatt und Betrieb. Jg. 129 (1996), HSC-Sonderteil, S. 33-36

[CLAU09] Claudin, C.; Rech, J.: Development of a new rapid characterization method of hob's wear resistance in gear manufacturing – Application to the evaluation of various cutting edge preparations in high speed dry gear hobbing.
In: Journal of Materials Processing Technology, Vol. 209 (2009), S. 5152-5160

[CORR92] Corrigan, F., General Electrics Company: Process for preparing cubic boron nitride abrasives.
Patentschrift: Europäisches Patentamt: Patent Nr. 0524789 A1, 1992

[CSEL08] Cselle, T.: Einfluss der Schneidkanten-Präparation auf die Leistung von beschichteten HPC-Zerspanwerkzeugen.
In: Tagung „High Performance Cutting (HPC)".
WZL, RWTH Aachen, 29.-30. April 2008

[DEGN09] Degner, W.; Lutze, H.; Smejkal, E.: Spanende Formung.
Theorie – Berechnung – Richtwerte.
München: Hanser, 2009

[DEMA95] Demazeau, G.: High pressure diamond and cubic nitride synthesis;
In: Diamond and Related Materials, 1995, Nr. 4, S 284-287

[DENK05] Denkena, B.; Reichenstein, M.; Brodehl, J.; de León García, L.: Surface Preparation, Coating and Wear Performance of Geometrically Defined Cutting Edges.
In: Proceedings of the 5th international Conference „THE" Coatings in Manufacturing Engineering. Kallithea-Chalkidiki, Greece, 2005

[DIN78] DIN 3962: Toleranzen für Stirnradverzahnungen.
Deutsches Institut für Normung (Hrsg.), Berlin: Beuth Verlag, 1978

[DIN79] DIN 50320: Verschleiß. (zurückgezogen)
Deutsches Institut für Normung (Hrsg.), Berlin: Beuth Verlag, 1979

[DIN82] DIN 4760: Gestaltabweichungen; Begriffe, Ordnungssysteme.
Deutsches Institut für Normung (Hrsg.), Berlin: Beuth Verlag, 1982

[DIN87] DIN 3960: Begriffe und Bestimmungsgrößen für Stirnräder (zylinderräder) und Stirnradpaare (Zylinderradpaare) mit Evolventenverzahnung.
Deutsches Institut für Normung (Hrsg.), Berlin: Beuth Verlag, 1987

[DIN94] DIN EN 10052 Begriffe der Wärmebehandlung von Eisenwerkstoffen.
Deutsches Institut für Normung (Hrsg.), Berlin: Beuth Verlag 1994

[DIN03] DIN 8589-0: Fertigungsverfahren Spanen - Teil 0: Allgemeines; Einordnung, Unterteilung, Begriffe.
Deutsches Institut für Normung (Hrsg.), Berlin: Beuth Verlag, 2003

[DIN05] DIN 4000-141: Sachmerkmal-Listen: Teil 141: Wälzfräser mit Bohrung oder Schaft für Stirnverzahnungen.
Deutsches Institut für Normung (Hrsg.), Berlin: Beuth Verlag, 2005

[DREY97] Dreyer, K.; Hintze, W.; Müller, M.:
Schneidstoffe zur Trockenbearbeitung.
In: Werkstatt und Betrieb. Jg. 123 (1990), Nr. 6, S. 420-426

[DREY01] Dreyer, K.; Kassel, D.; Schaaf, G.:
Feinst- und Ultrafeinkornhartmetalle: Tendenzen und Anwendungen.
In: Materialwissenschaft und Werkstofftechnik. Jg. 32 (2001), Nr. 3, S. 238-248

[DUBE04] Dubenkropp, G.: Neue, titanfreie Schichtgeneration für Werkzeuge zur trockenen Zahnradvorbearbeitung
In: Tagungsband zum Seminar „Trockene Zahnradvorbearbeitung"
WZL, RWTH Aachen, 12.-13. Oktober 2004

[ERDM86] Erdmann, A.; Marxmeier, R.: Vor- und Fertigfräsen gehärteter Zahnräder und Ritzel mit Wendeschneidplatten-Schälwälzfräsern.
In: Werkstatt und Betrieb. Jg. 119 (1986), Nr. 7, S. 574-576

[ERRI97] d'Errico, S.; Bugliosi, S.; Cuppini, D,; Guglielmi, E.: A study of cermet's wear behaviour.
In: Wear – An International Journal on the Science and Technology of Friction, Lubricatrion and Wear. Jg. 203-204 (1997), S. 242-246

[FAHR09] Fahrmeir, L.; Kneib, T.; Lang, S.: Regression – Modelle, Methoden und Anwendung.
Berlin: Springer, 2009

[FELT99] Felten, K.: Verzahntechnik.
Renningen-Malmsheim: expert, 1999

[FINZ96] Finzer, T.: Hochgeschwindigkeitsfräsen von Stahl und Guss.
In: Schulz, H.: Hochgeschwindigkeitsbearbeitung.
Hanser Verlag, Wien, 1996

[FRIE02] Friemuth, T.: Herstellung spanender Werkzeuge.
Habil. Universität Hannover, 2002

[FRIE08] Friedrich, J.: Geometrische Auslegung von Wälzfräsern für eine wirtschaftliche Großserienfertigung.
In: Tagungsband zum Seminar „Aktuelle Entwicklungen beim Vorverzahnen". WZL, RWTH Aachen, 8.-9. Oktober 2008

[FRIT97] Fritsch, A.: Schleifen von Cermets.
Diss. Universität Hannover, 1997

[GAHR83] Zum Gahr, K.-H.: Reibung und Verschleiß. Mechanismen, Prüftechnik, Werkstoffeigenschaften.
Oberursel: Deutsche Gesellschaft für Metallkunde e.V., 1983

[GEIS09] Geis-Drescher, W.: Wärmebehandlungsmethoden und ihre Auswirkungen auf den Bearbeitungsprozess.
In: Tagungsband zum Seminar „Feinbearbeitung von Zahnrädern".
WZL, RWTH Aachen, 18.-19. November 2009

[GERE07] Gerent, O.; Wolff, A.: Neue Werkzeugsysteme für Hochleistungsprozesse – verschränkungsfreie Fertigbearbeitung und Anfasen in einer Aufspannung.
In: Tagungsband zu „GETPRO – 1. Kongress zur Getriebeproduktion", Würzburg, FVA (Veranst.), 2007

[GERS98] Gerschwiler, K.: Untersuchungen zum Verschleißverhalten von Cermets beim Drehen und Fräsen.
Diss. RWTH Aachen, 1998

[GERT09] Gerth, J.; Werner, M.; Larsson, M.; Wiklund, U.: Reproducing wear mechanisms in gear hobbing – Evaluation of a single insert milling test.
In: Wear, Vol. 267 (2009), S. 2257-2268

[GOBR06] Gobrecht, J.: Werkstofftechnik – Metalle.
München: Oldenbourg, 2006

[GOTO98] Goto, M.; Yamagata, K.; Kitagawa, N.; Mori, Y.: New applications for cermets and coated cermets.
In: Tagungsband zur Tagung „Hochleistungswerkzeuge" Düsseldorf, 3.-4. November 1998. (Reihe: VDI Berichte, Nr. 1399) Düsseldorf: VDI, 1998

[GUTM88] Gutmann, P.: Zerspankraftberechnung beim Wälzfräsen.
Diss. RWTH Aachen, 1988

[HAUF72] Haufe, W.: Schnellarbeitsstähle.
Hanser. München, 1972

[HEIS96] Heise, U.: Methoden zur Leistungssteigerung in der HSC-Technik.
In: Maschinenmarkt. Jg. 102 (1996), Nr. 23, S. 58-63

[HERZ03] Herzhoff, P.: Trockenbearbeitung und Minimalmengenschmierung beim Wälzfräsen mit HSS-Werkzeugen.
Diss. Universität Magdeburg, 2003

[HEUE10] Heuer, V.; Löser, K.: Grundlagen der Vakuumwärmebehandlung.
In: Pfeifer, H.; Nacke, B.; Beneke, F.: Praxishandbuch Thermoprozesstechnik. Band I: Grundlagen Prozesse Verfahren.
2. Aufl., Vulkan, Essen, 2010

[HIPP11] Hippke, M.: Wälzfräsen mit pulvermetallurgisch hergestelltem Schnellarbeitsstahl. Diss. Universität Magdeburg, 2011

[HOFF70] Hoffmeister, B.: Über den Verschleiß am Wälzfräser. Diss. RWTH Aachen, 1970

[HUCH07] Huchel, U.: Verzugsarmes Nitrieren von Getriebeteilen im gepulsten Plasma. In: Tagungsband zu „GETPRO – 1. Kongress zur Getriebeproduktion", Würzburg, FVA (Veranst.), 2007

[ISHI04] Ishihara, S.; Shibata, H.; Goshima, T.; McEvily, A.J.: Thermal shock induced microcracking of cermet and cemented carbides. In: Scripta Materialia, Vol. 52 (2004), Nr. 7, S. 559-563

[ISO05] DIN ISO 513: Klassifizierung und Anwendung von harten Schneidstoffen für die Metallzerspanung mit geometrisch bestimmten Schneiden – Bezeichnung der Hauptgruppen und Anwendungsgruppen (ISO 513:2004). Berlin: Beuth, 2005

[JACK97] Jackson, W.E., General Electrics Company: Coated cubic boron nitride polycrystalline superabrasives tools. Patentschrift: Europäisches Patentamt, Patentnr. 0852167 A1, 1997

[JUNG02] Jung, J,; Kang, S.: Microstructure of TiC-TiNi-Ni-(B) cermet systems. In: Powder Metallurgy. 2002, Jg. 45 (2002), Nr. 1, S. 83-89

[KAIS92] Kaiser, K. M.: Grundlagenuntersuchung zur Technologie der Feinbearbeitung einsatzgehärteter Verzahnungen mit definierter Schneide. Diss. RWTH Aachen, 1992

[KAMM03] Kammermeier, D.; Krieg, T.: Das Werkzeug >oberflächlich< betrachtet. In: Werkstatt und Betrieb, Jg. 136 (2003), Nr. 3, S. 38-40

[KECK56] Keck, Karl Friedrich: Die Zahnradpraxis, Teil 1: Gerad-Stirnräder

[KIEN52] Kienzle, O.: Die Bestimmung von Kräften und Leistungen an spanenden Werkzeugen und Werkzeugmaschinen. In: Z. VDI. Jg. 94 (1952), Nr. 11/12, S. 299-305

[KLAS05] Klass, W.: Latest Developments and Applications in Coating Technologies. In: First International HSS FORUM Conference. Aachen, 2005

[KLEI03] Kleinjans, M.: Einfluss der Randzoneneigenschaften auf den Verschleiß von beschichteten Hartmetallwälzfräsern. Diss. RWTH Aachen, 2003

[KLOC01] Klocke, F.; Winkel, O.; Winter, W.: Kühlschmierstofffreie Fertigung von Stirnrädern. – Spanbildungskenngrößen.
Abschlussbericht zum Forschungsvorhaben AiF 11256 N, 2001

[KLOC02] Klocke, F.; Kleinjans, M.: Ansätze zur Verringerung des thermisch bedingten Verschleißes beim Wälzfräsen mit HSS-Werkzeugen.
In: Tagungsband zur 43. Arbeitstagung „Zahnrad- und Getriebeuntersuchungen". WZL, RWTH Aachen, 2002

[KLOC03] Klocke, F.; Weber, G.: Einfluss unterschiedlicher Gefügezustände auf den Werkzeugverschleiß bei der Feinbearbeitung von einsatzgehärtetem Stahl.
Abschlussbericht zum Vorhaben AiF 12633N/1, 2003

[KLOC04] Klocke, F.; Kleinjans, M.; Klein, A.: Mikrometer für Millisekunden.
In: VDI-Z Integrierte Produktion, 2004, Nr. 11/12, S. 67

[KLOC05] Klocke, F.; Schröder, T.; Schalaster, R.: Einsatzverhalten von Cermets beim Wälzfräsen.
Abschlussbericht zum Forschungsvorhaben Nr. 458 der FVA (Förderung: FVA, FWF), 2005

[KLOC06a] Klocke, F.; Schalaster, R.: Trockenwälzfräsen – Leistungsvermögen in Abhängigkeit von Schneidstoff und Werkstückstoff.
In: Seminar „Aktuelle Entwicklungen beim Vorverzahnen"
WZL, RWTH Aachen, 29.-30. November 2006

[KLOC06b] Klocke, F.; Bouzakis, E.; Schalaster, R.: Möglichkeiten der Fertigungssimulation bei der Vorbearbeitung von Großverzahnungen.
In: Seminar „Aktuelle Entwicklungen beim Vorverzahnen"
WZL, RWTH Aachen, 29.-30. November 2006

[KLOC07a] Klocke, F.; Schröder, T.; Schalaster, R.: Cutting Forces and Tool Wear in Dry High-Speed Hobbing of Different Workpiece Materials.
In: Tagungsband zu „2nd WZL Gear Conference in the USA", Saline, MI, USA, 6. Juni 2007

[KLOC07b] Klocke, F.; Schröder, T.; Schalaster, R.: Technologische Untersuchungen zum Wälzfräsen vorgeschmiedeter Verzahnungen.
Abschlussbericht zum Forschungsvorhaben Nr. 486 der FVA.
FVA-Heft Nr. 834, 2007

[KLOC08a] Klocke, F.; Gorgels, C.; Schalaster, R.:
Technologische Potenziale des Fertigwälzfräsens von Verzahnungen.
In: Tagungsband zur 49. Arbeitstagung „Zahnrad- und Getriebeuntersuchungen", WZL, RWTH Aachen, 2008

[KLOC08b] Klocke, F.; Gorgels, C.; Stuckenberg, A.: Zerspankräfte beim Hochleistungswälzfräsen – Vergleich von Vorhersage und Messung. In: Tagungsband zum Seminar „Aktuelle Entwicklungen beim Vorverzahnen“ WZL, RWTH Aachen, 8.-9. Oktober 2008

[KLOC08c] Klocke, F.; König, W.: Fertigungsverfahren Band 1: Drehen, Fräsen, Bohren. Berlin: Springer, 2008

[KLOC09] Klocke, F.; Gorgels, C.; Schalaster, R.: Dry Gear Hobbing – Is PM-HSS Competitive to Carbide? In: Tagungsband zu HSS Forum Conference "Smart Solutions for the Future of Metal Cutting", Aachen, 20.-21. Januar 2009

[KLOC10a] Klocke, F.; Gorgels, C.; Stuckenberg, A.; Schalaster, R.: An Innovative Way of Designing Gear Hobbing Processes. In: VDI-Berichte 2108.1: International Conference on Gears, VDI-Verlag, 2010, S. 393-404

[KLOC10b] Klocke, F.; Gorgels, C.; Kauffmann, P.; Gräser, E.: Vergleich der Härteverzüge nachverdichteter und fertigwälzgefräster Zahnräder. In: Tagungsband zur 51. Arbeitstagung „Zahnrad- und Getriebeuntersuchungen“. WZL, RWTH Aachen, 2010

[KNOC05] Knoche, H-J.; Molitor, M.: Wirtschaftliches Hochleistungswälzfräsen durch Einsatzoptimierung von PM-HSS-Werkzeugen bei der Trockenbearbeitung. Abschlussbericht zum Forschungsvorhaben AiF 13451 BR, Universität Magdeburg, 2005

[KNOE96] Knöppel, D.: Trockenbearbeitung beim Hochgeschwindigkeitswälzfräsen mit beschichteten Hartmetall-Werkzeugen Diss. RWTH Aachen, 1996

[KOBI02] Kobialka, K.: Prozessanalyse für das Trockenwälzfräsen mit Hartmetallwerkzeugen. Diss. RWTH Aachen, 2002

[KOEN89] König, W.; Kaiser, M.: Werkzeugoptimierung zur Bearbeitung einsatzgehärteter Zylinderräder durch Schälwälzfräsen. Abschlussbericht zum Forschungsvorhaben VDW A 6773, 1989

[KOEN92] König, W.; Kaiser, M.: Untersuchung der Zerspankräfte und Werkstoff-Randzonenbeeinflussung bei minimalen Spanungsdicken. Abschlussbericht zum Vorhaben VDW A 7928, 1992

[KOEN95] König, W.; Klocke, F.; Escher, C.; Vüllers, M.: Beschichtete Hartmetallwerkzeuge bei der Fertigung von gehärteten Verzahnungen. Abschlussbericht zum Vorhaben VDW/AiF A 8917, 1995

[KOEP02] Koepfer, T.: Trends beim Wälzfräsen kleinmoduliger Verzahnungen. In: Tagungsband zum Seminar „Trockene Zahnradvorbearbeitung". WZL, RWTH Aachen, 15.-16. Oktober 2002

[KOEP94] Koepfer, T.; Pörschmann, H.: Zahnräder hart schälwälzfräsen. In: Werkstatt und Betrieb. 1994, Nr. 5, S. 374-377

[KOET06] Kötter, D.: Herstellung von Schneidkantenverrundungen und deren Einfluss auf das Einsatzverhalten von Zerspanwerkzeugen. Diss. Universität Dortmund, 2006

[KOLA90] Kolaska, H.: Cermets – Schneidstoffe mit Zukunft. In: Draht. Jg. 41 (1990), Nr. 5, S. 575-578

[KOLA92] Kolaska, H.: Pulvermetallurgie der Hartmetalle. Hagen: Fachverband Pulvermetallurgie (Hrsg.), 1992

[KOMO03] Komori, M.; Sumi, M.; Kubo, A.: Simulation of Hobbing for Analysis of Cutting Edge Failure due to Chip Crush. In: Proceedings of the Design Engineering Technical Conferencea and Computers and Information in Engineering Conference. Chicago, USA, 3.-6. September 2003. New York, USA: ASME, 2003, Report PTG-48068

[KRAT06a] Kratz, H.: Wissen wird Prozessinnovation. In: Werkstatt und Betrieb Jg. 139 (2006), Nr. 3, S. 26-29

[KRAT06b] Kratz, H.: Belastungsoptimierte Werkzeuge in wichtigen Anwendungsgebieten der CBN-Schneidstoffe. In: Industrie Diamanten Rundschau Jg. 40 (2006), Nr. 3, S. 62–67

[LI97] Li, X.P.: Development of a Predictive model for Stress Distribution at the Tool-Chip Interface in Machining. In: Journal of Materials Processing Technology, Vol. 63 (1997), S. 169-174

[LI99] Li, X.P., Ng, H.H., Lim, S.C.: A predictive mapping system for tool wear in metal cutting. In: Journal of Materials Processing Technology, Vol. 89-90 (1999), S. 279-286

[LIER86] Lierath, F.; Thyssen, W.: Schälwälzfräsen von Stirnradverzahnungen. In: Fertigung und Gütesicherung im Zahnradgetriebebau, 7. Vortragstagung mit int. Beteiligung. TH Magdeburg, 1986

[LIER05] Lierath, F.; Knoche, H.-J.: Ausprägung der Oberflächentopografie beim Hochgeschwindigkeitsfräsen mit Kugelkopffräsern. In: Tönshoff, H. K.; Hollmann, F. (Hrsg.): Hochgeschwindigkeitsspanen Weinheim: Wiley, 2005, S.351-378.

[LINK10] Linke, H. (Hrsg.): Stirnradverzahnung.
München: Hanser, 2010

[LIUX06] Liu, X;, DeVor, R. E.; Kapoor, S. G.: An Analytic Model for the Prediction of Minimum Chip Thickness in Micromachining.
In: Journal of Manufacturing Science and Engineering. Vol. 128 (2006), S. 474-480

[LOES07] Löser, K.: Innovative Wärmebehandlungsprozesse und –anlagen in der Getriebeproduktion.
In: Tagungsband zu „GETPRO – 1. Kongress zur Getriebeproduktion", Würzburg, FVA (Veranst.), 2007

[LOES09] Löser, K.: Vakuumwärmebehandlung. Die Krise als Chance.
In: Tagungsband zum 6. Internationalen Getriebestahl-Symposium. Hanau, 7. -8. Mai 2009

[MALL00] Malle, K.: Hochgeschwindigkeits-Wälzfräsen. Trocken oder nass - das ist die Frage.
In: dima. Jg. 54 (2000), Nr. 5, S. 12-14

[MANN83] Schutzrecht DE 3128563-A1 (03.02.1983).
MDS Mannesmann Demag Sack: Hartmetallbestückter Abwälzfräser, sogenannter Schälwälzfräser

[MENT79] Mente, H.-P.: Fertigfräsen von gehärteten Verzahnungen.
In: wt Werkstattstechnik. Jg. 69 (1979), Nr. 11, S. 671-676

[MUND92] Mund, A.: Modell zur rechnerischen Standzeitbestimmung beim Wälzfräsen.
Diss. RWTH Aachen, 1992

[NIEM85] Niemann, G.; Winter, H.: Getriebe allgemein, Zahnradgetriebe – Grundlagen, Stirnradgetriebe. (Reihe: Maschinenelemente, Bd.2).
2.Aufl: Berlin: Springer, 1985

[NN76] N.N.: Pfauter: Wälzfräsen.
Berlin: Springer, 1976

[NN85] N.N.: MAAG: MAAG-Taschenbuch.
Zürich: 1976

[NN07] N. N.: Oberflächen fit machen zum Beschichten.
In: Werkstatt und Betrieb. Jg. 140 (2007), Nr. 9, S. 118-119

[NN08] N. N.: Fette Verzahnungswerkzeuge.
Produktkatalog, 2008

[OHRI02] Ohring, M.: The Materials Science of Thin Films.
San Diego, USA: Academic Press, 2002

[OJHA05] Ojha, D.K.; Dixit, U.S.: An economic and reliable tool life estimation procedure for turning.
In: International Journal of Advanced Manufacturing Technology, Vol. 26 (2005), S. 726-732

[PEIF00] Peiffer, K.: Hartfeinbearbeitung mit definierter Schneide.
In: Tagungsband zum Seminar „Feinberarbeitung von Zahnrädern".
WZL, RWTH Aachen, 2000

[PEIF04] Peiffer, K.: Trockenes Schaben geht nicht – Und nun? Das Wälzfräsen bietet Alternativen.
In: Tagungsband zum Seminar „Trockene Zahnradvorbearbeitung"
WZL, RWTH Aachen, 12.-13. Oktober 2004

[PEIF05] Peiffer, K.: Fertigfräsen – Eine Alternative zum Schaben?
In: Tagungsband zum Seminar „Feinbearbeitung von Zahnrädern"
WZL, RWTH Aachen, 11.-12. Oktober 2005

[PETE94] Peters, W.: Hochleistungs-Wälzfräsen von Zahnrädern in PKW- und Nutzfahrzeuggetrieben.
In: Weinert, K. (Hrsg.): Spanende Fertigung.
Essen: Vulkan, 1994, S. 265-269

[POUL00] Poulachon, G.; Moisan, A.: Hard Turning: Chip Formation Mechanisms and Metallurgical Aspects.
In: Journal of Manufacturing Science and Engineering. Vol. 122 (2000), S. 406-412

[RAAB09] Raab, A.: HSS in the Changing World of Gear Manufacturing.
In: Proceedings of HSS Forum Conference "Smart Solutions for the Future of Metal Cutting", Aachen, January 20-21, 2009

[RAME05] Ramesh, A.; Melkote, S.; Allard, L.; Riester, L.; Watkins, T.: Analysis of white layers in hard turning of AISI 52100 steel.
In: Materials Science and Engineering. Vol. 390 (2005), S. 88-97

[RECB02] Rechberger, J.: Beschichtungskonzept eines Werkzeugherstellers
In: Schweizer Maschinenmarkt, Jg. 103 (2002), Nr. 36, S. 11-16

[RECH01] Rech, J.; Djouadi, M.A.; Picot, J.: Wear resistance of coatings in high speed gear hobbing.
In: Wear, Vol. 250 (2001), S. 45-53

[RECH06] Rech, J.: Influence on cutting edge preparation on the wear resistance in high speed dry gear hobbing.
In: Wear, Vol. 261 (2006), S. 502-512

[RINK07] Rink, M.: Neue Verfahrens- und Ofentechniken für die Einsatzhärtung von Komponenten für die Automobilindustrie
In: Tagungsband zu „GETPRO – 1. Kongress zur Getriebeproduktion", Würzburg, FVA (Veranst.), 2007

[RODR09] Rodriguez, C. J. C.: Cutting edge preparation of precision cutting tools by applying micro-abrasive jet machining and brushing.
Diss. Universität Kassel, 2009

[ROOS83] Roos, V.: Schälwälzfräsen als Feinbearbeitungsverfahren einsatzgehärteter Zylinderräder.
Diss. TH Aachen, 1983

[ROTH01] Roth, Karlheinz: Zahnradtechnik. Stirnrad-Evolventen-Verzahnungen.
Berlin: Springer, 2001

[SCHM99] Schmidt, J, Urban, B.: HSC – Enzscheidend sind die Schneidstoffe. Je nach Werkstoff und Zielsetzung muß der geeignete Schneidstoff ausgewählt werden.
In: Form und Werkzeug, 1999, Nr. 2, S. 14-16

[SCHO02] Schönherr, H.: Spanende Fertigung.
München: Oldenbourg Wissenschaftsverlag, 2002

[SCHR07] Schröder, T.: Analyse der Werkzeugbelastung beim Zahnradschaben.
Diss. RWTH Aachen, 2007

[SCHT07] Schatt, W.; Wieters, K.-P.; Kieback, B. (Hrsg.): Pulvermetallurgie. Technologien und Werkstoffe
Berlin: Springer, 2007

[SCHU89] Schulz, H.: Hochgeschwindigkeitsfräsen metallischer und nichtmetallischer Werkstoffe.
München: Hanser, 1989

[SCHU96] Schulz, H.; Finzer, T.: HSC-Fräsen von Werkzeugen und Formen
In: Fachgespräche zwischen Industrie und Hochschule.
„Innovative Techniken in Werkzeug-, Formen- und Modellbau – Moderne Verfahren zur Freiformflächenbearbeitung". Dortmund: ISF. Universität München, 1996

[SOEL07] Sölter, J.; Reucher, G.: Werkstoffeinfluss auf die Spanbildung bei hohen Schnittgeschwindigkeiten.
In: Maschinenmarkt. Jg. 113 (2007), Nr. 43, S. 46 - 50

[SOKO55] Sokolowski, A. P.: Präzision in der Metallbearbeitung – Mittel u. Wege zur Steigerung der Bearbeitungsgenauigkeit in der spanenden Formung.
Berlin: Verl. Technik, 1955

[SPRE87] Spreemann, U.: Schälwälzfräsen gehärteter zylindrischer Verzahnungen.
In: Werkstatt und Betrieb. Jg. 120 (1987), Nr. 9, S. 737-739

[SPUR80] Spur, G.; Stöferle, T. (Hrsg.): Handbuch der Fertigungstechnik.
Band 3/2: Spanen.
München: Hanser, 1980

[SULZ73] Sulzer, G.: Leistungssteigerung bei der Zylinderradherstellung durch genaue Erfassung der Zerspankinematik.
Diss. TH Aachen, 1973

[TAYL06] Taylor, F. W.: On the art of cutting metals.
New York: The American Society of Mechanical Engineers, 1906

[THIE00] Thiele, J.; Melkote, S.; Peascoe, R.; Watkins, T.: Effect of Cutting-Edge Geoemtry and Workpiece Hardness on Surface Residual Stresses in Finish Hard Turning of AISI 52100 Steel.
In: Journal of Manufacturing Science and Engineering. Vol. 122 (2000), S. 642-649

[THIJ08] Thijssen, J.: Hauptzeitparalleles Anfasen und Entgraten zwischen Schruppen und Schlichten.
In: Tagungsband zum Seminar „Aktuelle Entwicklungen beim Vorverzahnen“ WZL, RWTH Aachen, 8.-9. Oktober 2008

[THYS89] Thyssen, W.: Schälwälzfräsen – ein hochproduktives Verfahren zur Bearbeitung gehärteter Stirnradverzahnungen.
In: Fertigungstechnik und Betrieb. 1989, Nr. 3, S. 175-179

[TOEN01] Tönshoff, H. K.; Friemuth, T.; Andreae, P.; Ben Amor, R.: High-speed of high-performance cutting – a comparison of new machining t echnologies.
In: Production Engineering. Research and Development (WGP).
Jg. 8 (2001)m Nr. 1, S. 5-8

[TOEN04] Tönshoff, H.; Denkena, B.: Spanen – Grundlagen
Berlin: Springer 2004

[TOEN05] Tönshoff, H. K.; Denkena, B.; Ben Amor, R.; Ostendorf, A.; Stein, J.; Hollmann, C.; Kuhlmann, A.: Spanbildung und Temperaturen beim Spanen mit hohen Schnittgeschwindigkeiten.
In: Tönshoff, H. K.; Hollmann, F. (Hrsg.): Hochgeschwindigkeitsspanen.
Weinheim: Wiley, 2005, S.1-40.

[TSCH94] Tschaggelar, M.; Häuptli, W.: Fertigverzahnen mit Hartmetall.
In: Werkstatt und Betrieb. Jg. 123 (1994), Nr. 5, S. 370-372

[VENO85] Venohr, G.: Beitrag zum Einsatz von Hartmetall-Werkzeugen beim Wälzfräsen.
Diss. RWTH Aachen, 1985

[VERN83] Vernoczi, G.; Tezer, J.: Erfahrungen und Wirtschaftlichkeit beim Schälwälzfräsen.
In: Werkstatt und Betrieb. Jg. 116 (1983), Nr. 5, S. 263-267

[VOSS08] Voss, E.: Wiederbeschichten von Verzahnungswerkzeugen für konstantes Leistungsvermögen.
In: Tagungsband zum Seminar „Aktuelle Entwicklungen beim Vorverzahnen". WZL, RWTH Aachen, 8.-9. Oktober 2008

[VUCE06a] Vučetić, D.: Fertigfräsen von Verzahnungen bei hohen Schnittgeschwindigkeiten.
In: Tagungsband zum Seminar „Aktuelle Entwicklungen beim Vorverzahnen". WZL, RWTH Aachen, 29.-30. November 2006

[VUCE06b] Vučetić, D.: Flexible Erzeugung von Verzahnungsmodifikationen beim Wälzstoßen.
In: Tagungsband zum Seminar „Aktuelle Entwicklungen beim Vorverzahnen". WZL, RWTH Aachen, 29.-30. November 2006

[VUEL98] Vüllers, M.: Hartfeinbearbeitung von Verzahnungen mit beschichteten Hartmetallwerkzeugen. Diss. RWTH Aachen, 1998

[WAGN92] Wagner, R.: Fräsen mit Cermets.
In: Werkstatt und Betrieb. Jg. 125 (1992), Nr. 7, S. 563-565

[WANG08] Wang, J.; Shi, J.; Gong, Y.; Abba, G.; Cai, G.: A Micro Milling Model Considering Metal Phases and Minimum Chip Thickness.
In: Key Engineering Materials. Vols. 375-376 (2008), S. 505-509

[WECK02] Weck, M.; Klocke, F.; Winter, W.; Winkel, O.: Analysieren erspart das Probieren.
In: Maschinenmarkt. Jg. 108 (2002), Nr. 22, S. 76 - 78

[WECK03] Weck, M.; Klocke, F.; Winter, W.; Winkel, O.: Analysis of Gear Hobbing Processes by Manufacturing Simulation.
In: Production Engineering. Vol. 10 (2003), Nr. 1, S.55-58

[WEIN04] Weinert, K,; Kötter, D.; Schulte, M.: Gezielte Verrundung von Werkzeugkanten erhöht die Leistungsfähigkeit
In: Tools (Kundenmagazin CemeCon AG), 2004, Nr. 22, S. 10-11

[WEIN05] Weinert, K.; Kötter, D.: 5-achsiges Strahlen optimiert die Schneide.
In: Werkstatt und Betrieb Jg. 138 (2005), Nr. 12, S. 56 - 59

[WEIS04] Weißenbacher, R.: Optimierte Hartmetallsorten für das Wälzfräsen.
In: Tagungsband zum Seminar „Trockene Zahnradvorbearbeitung".
WZL, RWTH Aachen, 12.-13. Oktober 2004

[WINK05a] Winkel, O.: Steigerung der Leistungsfähigkeit von Hartmetallwälzfräsern durch eine optimierte Werkzeuggestaltung. Diss. RWTH Aachen, 2005

[WINK05b] Winkel, O.: Fertigfräsen von Verzahnungen – Aktueller Stand und Perspektiven. In: Tagungsband zum Seminar „Feinbearbeitung von Zahnrädern“ WZL, RWTH Aachen, 11.-12. Oktober 2005

[WINK07] Winkel. O.: Fertigfräsen – heute und morgen. Leistungsfähigkeit und Potenziale der Weichfeinbearbeitung. In: Tagungsband zum Seminar „Feinbearbeitung von Zahnrädern“. WZL, RWTH Aachen, 21.-22. November 2007

[WINK08] Winkel, O.: Entgraten und Anfasen – Integrationslösungen für die Wälzfräsmaschine. In: Tagungsband zum Seminar „Aktuelle Entwicklungen beim Vorverzahnen“. WZL, RWTH Aachen, 8.-9. Oktober 2008

[WINK09] Winkel, O.: Leistungsfähigkeit und Flexibilität moderner Wälzfräsmaschinen. In: Tagungsband zu „GETPRO – Kongress zur Getriebeproduktion“, Würzburg, FVA (Veranst.), 11.-12. März 2009

[WOLF06] Wolff, A.: Aktuelle Entwicklungen beim Wälzfräsen – verschränkungsfreie Fertigbearbeitung und Anfasen in einer Aufspannung. In: Tagungsband zum Seminar „Aktuelle Entwicklungen beim Vorverzahnen“. WZL, RWTH Aachen, 29.-30. November 2006

[WOLF08] Wolff, A.: Schiffsgetriebe – Technologie beim Fräsen von Rad und Ritzel. In: Tagungsband zum Seminar „Aktuelle Entwicklungen beim Vorverzahnen“. WZL, RWTH Aachen, 8.-9. Oktober 2008

[YEN04] Yen, Y.-C.; Söhner, J.; Lilly, B.; Altan, T.: Estimation of tool wear in orthogonal cutting using the finite element analysis. In: Journal of Materials Processing Technology, Vol. 146 (2004), S. 82-91

[ZIMM02] Zimmermann, J.: Die Einführung des Trockenwälzfräsens in der PKW-Getriebefertigung – Ein Rückblick der Firma DaimlerChrysler AG. In: Tagungsband zum Seminar „Trockene Zahnradvorbearbeitung“. WZL, RWTH Aachen, 15.-16. Oktober 2002

[ZIMM99] Zimmermann, H.: Lösung für moderne Zerspanungsaufgaben. Hartstoffschichten in der Werkzeugtechnologie. In: Schweizer Maschinenmarkt. Jg. 100 (1999), Nr. 44, S. 91-98

Lebenslauf

Curriculum Vitae

Persönliche Daten

Name	Rolf Schalaster
Geburtstag	4. Juni 1979
Geburtsort	Köln
Staatsangehörigkeit	deutsch
Familienstand	ledig

Schulbildung

1985 – 1989	Grundschule Overath-Marialinden
1989 – 1998	Paul-Klee-Gymnasium Overath Abschluss: Allgemeine Hochschulreife

Zivildienst

1998 – 1999	Aggertalklinik der LVA Rheinprovinz

Studium

10/1999 – 02/2005	Maschinenbaustudium an der RWTH Aachen Vertiefungsrichtung Fertigungstechnik Abschluss: Diplom-Ingenieur

Praktikum

07/1999 – 10/2001	Grundpraktika bei den Firmen Temafa Maschinenfabrik GmbH in Berg. Gladbach, Schmidt + Clemens GmbH + Co. KG in Lindlar, BPW Bergische Achsen KG in Wiehl
06/2004 – 09/2004	Projektpraktikum bei Caterpillar Inc. in Peoria, Illinois, USA

Berufstätigkeit

01/2002 – 02/2005	Studentische Hilfskraft am Lehrstuhl für Technologie der Fertigungsverfahren des Werkzeugmaschinenlabors (WZL) der RWTH Aachen
03/2005 – 12/2010	Wissenschaftlicher Mitarbeiter in der Gruppe „Technologie der Zahnradfertigung" desselben Lehrstuhls
seit 01/2011	Mitarbeiter der Klingelnberg GmbH, Hückeswagen